国家自然科学基金项目（51674190）
内蒙古自然科学基金项目（2022QN05007）
内蒙古自治区本级事业单位引进优秀人才支持项目

浅埋近距煤层
绿色开采覆岩三场演化与控制

曹　健　黄庆享 / 著

四川大学出版社
SICHUAN UNIVERSITY PRESS

图书在版编目（CIP）数据

浅埋近距煤层绿色开采覆岩三场演化与控制 / 曹健，
黄庆享著. — 成都：四川大学出版社，2024.4
（资源与环境研究丛书）
ISBN 978-7-5690-6701-9

Ⅰ. ①浅… Ⅱ. ①曹… ②黄… Ⅲ. ①薄煤层采煤法
—研究 Ⅳ. ① TD823.25

中国国家版本馆 CIP 数据核字（2024）第 042495 号

书　　　名：浅埋近距煤层绿色开采覆岩三场演化与控制
　　　　　　Qianmai Jinju Meiceng Lüse Kaicai Fuyan San-chang Yanhua yu Kongzhi
著　　　者：曹　健　黄庆享
丛 书 名：资源与环境研究丛书

丛 书 策 划：庞国伟　蒋　玙
选 题 策 划：蒋　玙　周维彬
责 任 编 辑：周维彬
责 任 校 对：刘柳序
装 帧 设 计：墨创文化
责 任 印 制：王　炜

出 版 发 行：四川大学出版社有限责任公司
　　　　　　地址：成都市一环路南一段 24 号（610065）
　　　　　　电话：（028）85408311（发行部）、85400276（总编室）
　　　　　　电子邮箱：scupress@vip.163.com
　　　　　　网址：https://press.scu.edu.cn
印 前 制 作：四川胜翔数码印务设计有限公司
印 刷 装 订：四川省平轩印务有限公司

成品尺寸：170 mm×240 mm
印　　张：10.375
字　　数：200 千字

版　　次：2024 年 4 月 第 1 版
印　　次：2024 年 4 月 第 1 次印刷
定　　价：58.00 元

扫码获取数字资源

四川大学出版社
微信公众号

前　言

目前，煤炭仍是我国的主体能源，约占一次能源消费的 60%，实现煤炭行业的可持续发展至关重要。中国工程院钱鸣高院士于 2006 年提出了煤炭科学开采理念，指出科学采矿就是在保证安全和保护环境的前提下高效高回收率地采出煤炭，煤炭的安全绿色开采成为新时代下行业转型的根本出路。我国西部陕蒙交界区主要赋存浅埋近距离煤层，目前多数矿井进入下煤层开采阶段。实践表明，近距离煤层开采由于煤柱应力集中严重，地表不均匀沉降显著，地裂缝发育加剧，容易引发一系列的社会问题，例如，道路塌陷造成矿区交通中断，地裂缝引起的地下水流失导致河流干涸、植被枯死，房屋损坏、农田破坏导致的社会矛盾。因此，如何减小下煤柱集中应力，改善巷道围岩应力状态，减缓地表不均匀沉降，减轻地裂缝发育，实现煤柱减压与地表减损的耦合控制，从而达到浅埋近距离煤层安全绿色开采的目的，是浅埋大煤田开发过程中亟待解决的难题，也是我国西部煤炭科学开采研究的热点。

采空区遗留区段煤柱是导致以上问题的根源，研究区段煤柱覆岩结构效应与应力场、位移场及裂隙场（三场）演化规律，实现煤柱减压与地表减损的耦合控制，对煤炭科学开采具有重要意义。本书以柠条塔等煤矿浅埋近距煤层开采为背景，研究基于煤柱错距的覆岩三场演化规律，建构应力场、位移场和裂隙场耦合控制的减压模型和减损模型，一方面能够减小下煤柱应力集中，实现安全开采；另一方面，能够减缓地表不均匀沉降，减轻地裂缝发育，实现减损开采。研究可为浅埋近距煤层安全绿色开采提供指导，同时也符合我国西部煤炭可持续发展的战略方向。

本书的完成得益于恩师黄庆享教授的悉心指导。笔者于 2014 年（硕博连读）师从黄庆享教授，开始从事浅埋近距离煤层安全减损开采的研究工作，2020 年完成了博士论文《浅埋近距离煤层开采煤柱减压与地表减损控制研究》（获 2022 年陕西省优秀博士学位论文）。其间，笔者作为主要参与人参与了导师主持的国家自然科学基金项目"浅埋煤层群开采煤柱群结构效应及其应力场与裂缝场耦合控制"、横向课题"柠条塔煤矿北翼多煤层科学开采方法研究"

及"柠条塔煤矿北翼多煤层开采覆岩破坏规律研究"等多项研究。2021 年，笔者主持内蒙古自然科学基金项目"浅埋煤层群条带充填保水开采隔水层稳定性控制研究"和内蒙古自治区本级事业单位引进优秀人才支持项目，继续开展浅埋近距离煤层绿色开采相关研究工作。本书是在笔者博士论文的基础上，融合了上述课题的部分研究成果著成。

本书的出版得到了国家自然科学基金项目（51674190）、内蒙古自然科学基金项目（2022QN05007）、内蒙古自治区本级事业单位引进优秀人才支持项目的资助，编写中参阅了相关专家、学者的大量文献，在此一并表示感谢！

由于笔者的能力和水平所限，书中偏颇与疏漏在所难免，恳请专家学者批评、指正。

2023 年 11 月于包头

目　录

1 概　　论

1.1 研究背景及意义

1.1.1 研究背景

煤炭是我国的主体能源，占一次能源消费的 60％ 左右，习近平总书记指出，我们正在压缩煤炭比例，但国情还是以煤为主，在相当长一段时间内，甚至从长远来讲，还是以煤为主的格局，只不过比例会下降，我们对煤的注意力不要分散。因此，实现煤炭行业的可持续发展至关重要。中国工程院院士钱鸣高于 2006 年提出了煤炭科学开采理念[1]，此后多次撰文对其内涵与框架进行系统阐述，指出科学采矿就是在保证安全和保护环境的前提下高效高回收率地采出煤炭[2-5]，煤炭的安全绿色开采成为新时代下煤炭行业转型的根本出路[6]。2018 年，我国煤炭查明资源储量 17085.73 亿吨[7]，位于陕蒙、陕甘边界的陕北侏罗纪煤田查明资源储量 1279.00 亿吨，占陕西省查明资源储量的76.05％，占全国查明资源储量的 7.49％，为世界七大煤田之一。该煤田主要赋存浅埋煤层，煤层埋藏浅，煤质优良，开采条件优越，2011 年区内产量已超过 4 亿吨[8]。陕北侏罗纪煤田内神东矿区和神南矿区的柠条塔煤矿、补连塔煤矿、哈拉沟煤矿、大柳塔煤矿等矿井均已进入下煤层开采阶段，下煤层采高一般为 3~5 m，上下煤层间距一般为 15~40 m，煤层埋深一般在 300 m 以内，属于浅埋近距离煤层开采[9]。

浅埋近距离煤层开采的覆岩三场（应力场、位移场、裂隙场）演化规律复杂，其中应力场控制的目的是实现煤柱减压，位移场与裂隙场控制的目的是实现地表减损与绿色开采。目前，安全绿色开采存在两大难题：一是重复采动造成下煤层区段煤柱应力集中严重，导致巷道变形和支护困难；二是地表不均匀沉降显著，地裂缝发育，损害了地表本就脆弱的生态环境。例如，补连塔煤矿

下部 2^{-2} 煤的 22306 回风巷受上部 1^{-2} 煤层遗留区段煤柱传递集中应力的影响，底板与两帮均产生变形，进而影响安全生产[10]；而冯家塔煤矿 2♯煤与 4♯煤的区段煤柱由叠置布置改为错开布置后，回采巷道每掘进 100 m，可节约成本 2 万元，且巷道稳定性较好[11]；榆家梁煤矿浅埋煤层群高强度开采，矿区内地裂缝共计 808 条（组），计 77 条/10 km²，地裂缝发育宽且深，最大宽度 2.5 m，裂缝两侧最大落差 1.9 m[12-13]；榆林市的常兴煤矿经过十余年的煤炭开采，发育的地裂缝导致植被枯死[14]；活鸡兔矿井开采 2^{-2} 煤层（上部 1^{-2} 煤层已开采），截至 2004 年底采空塌陷面积达 764.5 km²，塌陷裂缝损毁房屋近 300 间，造成水浇地 5.0 km²、林草地 460.2 km² 不同程度的损坏；大柳塔煤矿 2004 年底采空塌陷面积超过 1600.0 km²，损毁三个村庄共 240 间房屋，导致水浇地 6.5 km²、旱地 4.0 km²、林草地 1166.6 km² 不同程度的损坏，2005 年下半年采空塌陷严重破坏了 204 省道，交通中断达半个月[15]；孙家岔煤矿煤炭开发导致地面道路和农田产生裂缝与变形，造成农作物减产 10%～20%[16]。目前，矿区顶部单一煤层基本已经开采完毕，下部煤层开采过程中，由于上下煤层区段煤柱大量留设，煤柱应力集中导致下煤层巷道破坏变形现象时有发生。此外，重复采动引起的地表不均匀沉降和地裂缝严重损害了地表生态环境，影响了居民正常生活，社会矛盾凸显。因此，基于神东矿区和神南矿区浅埋近距离煤层开采条件，如何减小下煤柱集中应力，改善巷道围岩应力状态，缓减地表不均匀沉降，减轻地裂缝发育，实现煤柱减压与地表减损的耦合控制，从而达到浅埋近距离煤层安全绿色开采的目的，是浅埋大煤田开发过程中亟待解决的难题，也是我国西部煤炭科学开采研究的热点。

关于浅埋近距离煤层开采集中应力、覆岩移动和裂隙发育的研究，经过前人近 30 年的探索，已经取得了不少成果，主要可以概括为以下三个方面：一是浅埋近距离下煤层过上覆采空区或集中煤柱开采的矿压显现规律与顶板结构的研究，以及基于巷道围岩应力与变形规律的下煤层巷道合理布置方式与支护技术研究；二是通过物理模拟或实测的方法，研究浅埋近距离煤层开采的覆岩垮落规律与地表下沉规律；三是浅埋近距离煤层开采覆岩裂隙与地裂缝方面的研究。研究表明，应力场、位移场和裂隙场之间存在密切联系，煤柱应力集中、地表不均匀沉降和地裂缝发育的根源在于上下煤层留设大量的区段煤柱，以及上下煤柱不同的布置方式形成的不同覆岩结构，使应力场、位移场和裂隙场随不同的覆岩结构产生演化，通过揭示覆岩三场的演化规律，确定合理的煤柱布置方式，是实现煤柱减压与地表减损的根本途径。截至目前，国内外关于该方面的研究很少。

本书以典型矿井柠条塔等煤矿浅埋近距离煤层开采为背景，分析了浅埋顶部单一煤层及近距离煤层重复开采的煤柱集中应力分布规律、覆岩与地表移动特征、覆岩裂隙与地表裂缝发育规律，揭示了不同煤柱布置的浅埋近距离煤层开采三场演化规律，同时建构减压模型与减损模型，并提出煤柱减压与地表减损耦合控制方法。

1.1.2　研究意义

我国西部浅埋近距离煤层储量丰富，近年来，在开采这一类煤矿的下部煤层的过程中，煤柱集中应力导致的安全事故、地表不均匀沉降和地裂缝发育导致的环境问题已严重阻碍了浅埋大煤田的安全减损开采，与此同时引发了一系列的社会问题。例如，道路塌陷造成矿区的交通中断，地裂缝引起的地下水流失导致河流干涸、植被枯死，房屋损坏、农田破坏影响居民的正常生活。笔者基于煤柱错距的覆岩三场演化规律，建构应力场、位移场和裂隙场耦合控制的减压模型和减损模型，不仅能够减小下煤柱应力集中，实现安全开采，还可以减缓地表的不均匀沉降，减轻地裂缝的发育，实现绿色减损开采。本书的研究成果可为浅埋近距离煤层的科学开采提供指导，同时也符合我国西部煤炭可持续发展的战略方向。

1.2　国内外研究现状

随着开采技术的不断提高和研究的持续深入，许多科学概念和问题已经被揭示清楚，如浅埋煤层的定义、浅埋煤层的覆岩运动规律与矿压特征等。本书是基于浅埋煤层的开采条件，以及前人对浅埋煤层取得的研究成果展开的。

浅埋近距离煤层开采煤柱减压与地表减损耦合控制研究，是目前西部煤炭开发面临的热点和难点之一，关键在于应力场、位移场与裂隙场的控制，但目前已有的研究成果大多只涉及其中的一个或两个，关于三场耦合控制的研究，国内外还未见系统的报道，但已有的关于浅埋煤层开采应力、位移与裂隙的研究可为本书提供有益借鉴。因此，本节将浅埋煤层三十多年的研究成果进行阶段划分，同时对浅埋煤层开采的应力场、位移场和裂隙场的研究成果及多场耦合的研究成果进行分析。

1.2.1 浅埋煤层开采研究发展历程

1. 浅埋煤层开采国外研究现状

国外学者主要对浅埋煤层开采的顶板来压特征和岩层移动规律，以及浅埋煤层煤气化方面进行了研究。具体如下：

在浅埋煤层开采的顶板压力方面，苏联秦巴列维奇根据莫斯科近郊浅埋开采条件，提出了上覆岩层可视为均质的台阶下沉假说[17-18]，阐明了支架载荷应整体考虑上覆岩层。1981年，苏联布德雷克基于100 m埋深且存在厚黏土层的开采条件，指出了浅埋煤层顶板来压与普通开采条件下有明显区别。20世纪80年代初，澳大利亚霍勃尔瓦依博士对安谷斯·坡来斯煤矿浅埋煤层开采的矿压实测发现，顶板从煤层至地表呈切落式破坏，且较为迅速，工作面前方巷道内顶底板变形较小，支架有动载现象。以上研究大体阐明了支架载荷的总体构成，说明了浅埋煤层动载强烈的矿压特征。

在浅埋煤层开采的岩层移动规律与煤气化方面，国外学者研究给出了浅埋煤层开采顶板下沉移动迅速的特点。20世纪90年代以后，澳大利亚Holla等通过实测，得出顶板垮落高度是采高的9倍，且随着工作面的推进顶板迅速发生移动[19]。1991—1993年，针对浅埋煤层开采地表沉陷的问题，英国和美国主要采用房柱式的开采方式，两国学者也对地表岩层移动进行了研究[20-22]。2013年，Kapusta等对波兰Barbara煤矿进行了浅埋煤层条件下（埋深30 m）煤气化试验，得出地下水污染是影响地下煤气化最主要因素[23]。2015年，Soukup等研究了波兰Barbara煤矿浅埋煤层开采，得出地下煤气化后的污染物转移机制[24]。

2. 浅埋煤层开采国内研究发展历程

我国西部广泛赋存浅埋煤层，应开采的实际需求，研究起步早且在浅埋煤层开采的很多方面都取得了丰富的研究成果，根据研究内容与历程，浅埋煤层开采的研究可以分为以下四个阶段。

（1）1996年以前：浅埋煤层覆岩运动特征与矿压规律的基本认识。

这一阶段，国内学者主要论述了浅埋煤层开采的覆岩运动特征与工作面矿压显现规律。1992年，石建新[25]、侯忠杰[26]等针对大柳塔煤矿C202工作面，分析了工作面矿压显现规律，并对其支护状况进行了评价，得出工作面顶板具有台阶下沉现象。1994年，张李节等[27]得出了浅埋煤层工作面的超前支承压力分布规律，发现了浅埋工作面超前支承压力呈单一的弹性分布。

1995 年，黄庆享等[28]揭示了造成浅埋工作面矿压显现强烈，台阶下沉量大的原因是基岩破断不能形成稳定结构，发生滑落失稳。1996 年，石平五等[29]针对薄基岩厚沙土层的浅埋煤层开采条件，论述了对顶板破断运动及破断后运动的控制。赵宏珠[30]论述了印度 PV 煤矿在浅埋、下部煤层局部采空条件下的工作面矿压显现规律。宋志等[31]研究了厚流砂层下浅埋工作面矿压显现规律，分析了工作面支护系统。

（2）1996—2005 年：浅埋单一煤层开采岩层控制研究。

基于浅埋煤层开采实践与物理模拟，以及前人揭示了顶板结构特征，该阶段的学者掌握了覆岩垮落规律，提出了浅埋煤层的科学定义。前人开展的工作为笔者的研究提供了借鉴。本书先是研究浅埋顶部单一煤层开采的集中应力分布规律、覆岩移动与裂隙发育规律，然后研究重复采动不同煤柱群结构的应力场、位移场和裂隙场演化规律。

1998 年，黄庆享等[32-33]发现了浅埋煤层采场顶板初次来压的"非对称三铰拱结构"[图 1.1（a）]，指出浅埋煤层工作面初次来压期间的顶板控制应主要防止老顶岩块在未触矸时出现滑落失稳；次年，他们又建立了浅埋煤层采场老顶周期来压的"台阶岩梁"结构模型 [图 1.1（b）]，揭示了来压剧烈和顶板台阶下沉的机理是顶板结构滑落失稳。

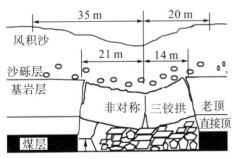

（a）初次来压的"非对称三铰拱"结构　　（b）周期来压的"台阶岩梁"结构

图 1.1　初次来压的"非对称三铰拱"结构与周期来压的"台阶岩梁"结构

2001 年，李正昌[34]分析了印度浅埋煤层工作面的矿压显现特征，并采用地面钻孔爆破来降低厚硬顶板的完整性，从而减小工作面的来压步距和矿压显现。

2002 年，黄庆享[35]研究了工作面矿压显现基本特征，提出了以关键层、基载比和埋深为指标的浅埋煤层定义。同年，他又提出了载荷传递因子的概念，确定了合理的支护阻力计算方法[36]。2003—2005 年，黄庆享[37-42]开发了动态载荷数据采集系统，研究了浅埋煤层顶板厚沙土层的采动破坏机理及对顶板关键块的载荷传递规律，揭示了顶板关键块的动态载荷分布规律。

（3）2005—2014 年：浅埋煤层保水开采研究。

浅埋煤层的保水开采与覆岩下沉移动和采动裂隙发育密切相关，充填开采是通过控制岩层移动、减小地表移动变形来实现保水开采的。因此，关于浅埋煤层充填保水开采的研究也为本书提供了参考。特别是研究岩层控制意义上的保水开采，对西部浅埋大煤田的绿色开采具有重要意义。

1992 年，范立民[43]首次提出了陕北侏罗纪煤田的开发中应将采煤、保水和生态环境保护作为一个系统工程统一规划的思路，并给出了保水采煤的概念。

2005 年以后，我国学者开始从浅埋煤层岩层控制的角度来研究保水开采的方法。2006 年，黄庆享等[44]采用柔性隔水层物理相似模拟试验，发现顶板基岩关键层仍然是隔水层稳定性控制的关键。2007 年，许家林等[45]研究了条带充填的"充填条带－上覆岩层－主关键层"结构来控制地表沉陷，分析了条带充填开采技术的适用性。2008 年，张杰等[46]分析了隔水土层的破坏机理。2010 年，黄庆享等[47-48]揭示了采动覆岩裂隙发育规律，以及采动裂隙带的导通性决定着隔水层的隔水性，提出了隔水性判据与保水开采的分类。2010 年，张吉雄等[49]分析了矸石充填开采的关键层变形特征，结合实践证实了矸石充填对控制地表沉陷的作用。同年，王双明等[50]总结出煤与地下水赋存的类型，编制了我国第一幅区域性采煤方法规划图（图 1.2）。

2011 年，师本强[51]结合开采损害学计算了砂土基型矿区隔水土层中裂隙发育深度，得到了在不同采高条件下，隔水土层中裂隙和导水裂隙带裂隙间的隔水保护层厚度。同年，李涛等[52]对浅埋煤层开采的离层裂隙发育规律、隔水层下沉量及潜水位动态变化过程进行了观测，研究了水位波动区域潜水位动态变化机制。2014 年，黄庆享[53-54]提出了保水开采的分类，提出了"上行裂隙"发育高度与"下行裂隙"发育深度和位置的计算方法，建立了隔水岩组力学模型及隔水岩组稳定性判据（图 1.3）。同年，马立强等研究了浅埋煤层工作面软弱隔水层板的裂隙演化机理及发育过程[55]。

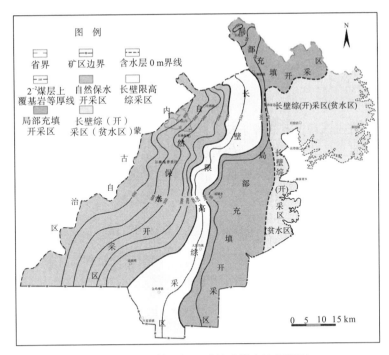

图 1.2　我国第一幅区域性采煤方法规划图

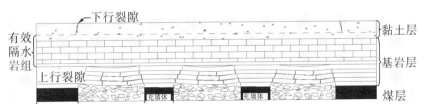

图 1.3　隔水岩组力学模型

（4）2014 年至今：浅埋煤层大采高与近距离煤层开采的研究。

该阶段的学者基于浅埋近距离煤层群开采条件（如不少矿井下煤层较厚，多采用大采高的开采方式）对浅埋煤层大采高和近距离煤层群开采的岩层控制开展了研究。

我国学者先对浅埋煤层大采高开采的顶板结构及其控制方法进行了研究。2015 年，黄庆享等[56]发现了大采高老顶关键层铰接结构上移现象，提出了"等效直接顶"的定义，突破了传统意义上的地质直接顶的概念。薛东杰等[57]研究了大柳塔煤矿 6.1 m 大采高采动裂隙演化规律及支架阻力，提出了岩柱失稳的 3 种主要方式。2016 年，黄庆享等[58-59]建立了典型浅埋煤层和近浅埋煤层大采高工作面顶板结构模型，得到了工作面额定支护阻力的计算公式。

2017年，李瑞群等[60]针对大柳塔煤矿7.0 m大采高工作面开采，提出了工作面初采、正常回采及末采阶段的顶板控制方法。2018年，黄庆享等[61]研究了浅埋近距离下煤层大采高采场初次来压顶板结构及支架载荷。2019年，黄庆享等[62]针对浅埋大采高煤壁片帮问题，建立了"支架—煤壁—顶板"力学模型，得到了控制煤壁片帮的支架合理初撑力。同年，黄庆享等[63]采用钻场实测技术，研究了浅埋薄基岩大采高工作面顶板破断特征和来压规律。

关于浅埋近距离煤层群开采的岩层控制研究，目前国内学者主要研究了浅埋近距离下煤层开采过上覆采空区（长壁采空区或房柱式采空区）、集中煤柱的矿压显现规律、顶板结构及其支架载荷的确定方法。

2015年，张金山等[66]研究了石圪台煤矿浅埋房柱式采空区下工作面直接顶和基本顶的垮落规律。任艳芳[67]采用现场实测、理论分析和数值模拟的方法，分析了浅埋深近距离煤层巷道及工作面矿压显现规律。杨俊哲[68]针对石圪台矿31201综采工作面过上覆房柱式采空区开采条件，研究了房柱式采空区下的顶板破断运动规律，提出了特殊开采条件下顶板控制技术和动压防治技术。孔令海等[69]采用KJ768微震监测系统，探讨了房柱采空区下上覆岩层运动规律。2016年，王孝义等[70]研究了浅埋近距离煤层群开采，层间距变化对矿压显现强度的影响。2017年，黄克军等[71]研究了神南矿区上、下煤层重复采动的工作面覆岩垮落规律，揭示了层间关键层的结构特征。2018年，黄庆享等[72-73]研究了浅埋近距离煤层群下煤层开采的覆岩垮落特征与顶板结构，初步提出了浅埋近距离煤层群的分类。

在浅埋近距离煤层过上部遗留煤柱开采的矿压规律研究方面，有学者对过上覆集中煤柱和房式煤柱下开采的工作面动载矿压进行了研究。

2016年，王创业等[74]基于石圪台煤矿矿压实测结果，对工作面在上部遗留煤柱下及采空区下开采的矿压显现规律进行了总结。2017年，张杰等[75]对韩家湾煤矿下煤层开采过上覆房柱式采空区及煤柱进行了研究，得出房柱式采空区下的矿压显现受下煤层关键层破断的影响。杜锋等[76]分析了浅埋近距离煤层大采高工作面边界煤柱下开采的异常矿压显现发生机理。徐敬民等[77]研究了房采煤柱下开采的工作面动载矿压机理，并给出了动载矿压防治对策。

1.2.2　浅埋煤层开采应力场与煤柱减压研究

浅埋煤层开采应力场的研究可以分为以下两部分：一是浅埋单一煤层开采应力的研究，目前已有成果主要为区段煤柱集中应力分布的研究，以及采场应力场分布特征的研究；二是浅埋煤层群开采应力场的研究，主要为上煤层开采后区段煤柱集中应力传递规律及其对下煤层巷道变形破坏的影响。基于上煤柱集中应力在层间分布规律为减压模型建构提供了借鉴，本书正是围绕避开上煤柱传递集中应力的最小煤柱错距减压模型展开的研究。

1. 浅埋单一煤层开采应力场研究现状

单一煤层开采的区段煤柱应力分布规律是研究煤层群开采应力场演化规律的基础，合理的煤柱布置对改善下煤层巷道的围岩应力状态具有重要影响。2003 年，宋选民等[78]采用浅埋煤层开采液压枕实测的方法，研究了煤柱支承压力的大小，给出了补连塔矿等煤矿回采巷道煤柱宽度的合理范围。2005 年，针对砂土基型浅埋煤层间歇开采，侯忠杰等[79]研究了煤柱应力分布规律与上覆岩层拉应力分布规律，对煤柱和覆岩的稳定性给出了判断。2014 年，解兴智[80]分析了浅埋煤层房柱式采空区煤柱的应力场分布规律及煤柱的宽高比对其稳定性的影响，建立了房柱式采空区顶板－煤柱群系统（图 1.4），但这与本书研究内容的大范围煤柱群（上下煤层区段煤柱构成的煤柱群）具有根本的区别。

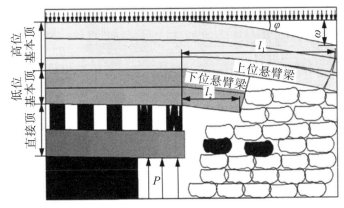

图 1.4　房柱式采空区顶板－煤柱群系统

有学者还研究了浅埋单一煤层采场的应力分布特征。2007 年，王金安等[81]研究了马脊梁矿浅埋坚硬覆岩下开采的应力场分布，提出了"外应力拱"与"内应力拱"的概念。2011 年，任艳芳等[82]研究得出浅埋煤层开采上覆岩层中可形成承压拱结构，以及该结构稳定性与工作面矿压密切相关的结果。2018 年，李少刚[83]通过应力采集系统实测了浅埋工作面走向与倾向的应力分布规律，对工作面前方采动影响范围进行了分区。

2. 浅埋煤层群开采应力场与下煤柱减压的研究现状

上煤柱传递集中应力对下煤柱的集中应力分布具有重要影响，学者们对此也有较为丰富的研究。2008 年，张百胜等[84]采用数值模拟方法研究了层间距为 0.4~3.0 m 的极近距离开采上煤柱集中应力在底板的传递规律，得出煤柱正下方应力集中程度高，且有向采空区方向逐渐降低的趋势。2009 年，方新秋等[85]研究了上煤层遗留煤柱底板的高应力区范围，分析了下煤层开采巷道围岩应力分布情况。2012 年，杨伟等[86]针对石圪台煤矿 15^{-1} 和 15^{-3} 煤层浅埋极近距离煤层开采条件，研究了煤层间间隔岩层应力分布规律，分析了不同工作面错距下煤层支承压力分布规律。白庆升等[87]研究了房式煤柱下采动应力演化规律，受上煤柱传递集中应力的影响，当下煤层工作面处于煤柱下方时，顶板将沿煤柱顶板发生切落。2014 年，孔德中等[88]研究了上煤层开采后的底板破坏深度及煤柱在底板的应力分布规律。2015 年，赵雁海等[89]研究了浅埋近距离煤层群上部煤层开采后煤柱底部应力分布状态，确定了合理的回采巷道错距（图 1.5）。2016 年，张付涛等[90]研究了间隔式回采浅埋冲沟地貌下上煤柱集中应力分布规律，分析了极近距离下煤层顶板应力分布规律。

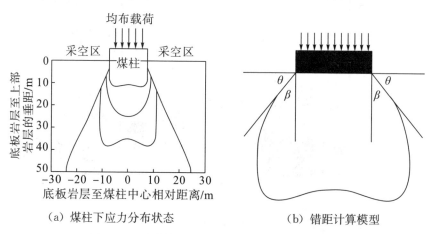

（a）煤柱下应力分布状态   （b）错距计算模型

图 1.5   区段煤柱下应力分布状态与错距计算模型

此外，有学者[91-99]还研究了单一煤层开采及煤层群开采的采动应力演化规律、非均质岩体的应力场演化规律、变采高开采的应力分布规律等。

1.2.3   浅埋煤层开采覆岩与地表移动规律研究

目前，学者主要采用实测和理论计算的方法研究地表的移动参数，同时，通过物理模拟和钻孔实测的手段研究覆岩运动规律与"两带"特征。

在地表移动变形研究方面，学者们的研究结论如下：1997 年，李德海等[100]观测了条带煤柱的稳定性，分析了地表移动变形特征，给出了地表移动参数及其与地质采矿条件的关系。2007 年，汤伏全等[101]研究分析了榆神府矿区基岩断裂下沉模式及其分布形态，导出了地表沉陷的预计模型，提出了确定参数的方法。2010 年，张聚国等[102]通过地表变形移动实测研究了昌汉沟煤矿浅埋煤层开采的地表移动变形规律。2012 年，余学义等[103]研究了韩家湾煤矿厚松散层浅埋煤层开采的岩层移动参数，得到了采动地裂缝形成与发育的影响因素。李杰等[104]研究分析了万利矿区综放开采的地表移动规律。2015 年，陈凯等[105]研究发现浅埋煤层开采地表刚开始移动就表现出突然性、剧烈性的特征，开采结束后，地表能够在相对较短的时间内稳定下来。2016 年，郭文兵等[106]研究分析了哈拉沟煤矿地表走向和倾向观测线的静、动态移动变形曲线，得到了地表移动变形规律、角量参数及概率积分法预计参数。陈俊杰等[107]阐述了哈拉沟煤矿 22407 工作面地表动态移动变形的特性，得到了相关动态移动变形参数。2017 年，刘文岗等[108]实证研究了杭来湾煤矿工作面初采阶段、正常回采阶段和末采阶段的覆岩运动与地表移动规律。2017 年，徐乃忠等[109]计算求得了浅埋高强度开采的地表移动周期特征，且通过数据拟合的方法得到了地表沉陷计算参数和角量参数。2018 年，刘义新[110]从我国浅埋煤层开采条件下地表移动规律、地表沉陷预计方法及地表沉陷控制等方面现状研究进行了概述。凡奋元等[111]研究了浅埋近距离煤层群斜交叠置开采过程中产生地表移动变形规律。

关于浅埋煤层开采覆岩运动规律与"两带"特征的研究如下：2012 年，付玉平等[112]针对上湾矿 1⁻² 煤层开采条件，研究了大采高综采工作面顶板垮落带和裂缝带的"两带"高度。2014 年，王正帅等[113]研究了杭来湾近浅埋30101 工作面开采的覆岩结构和关键层破断特征，揭示了覆岩关键层和地表移动规律。2015 年，高召宁等[114]基于关键层理论，推导了浅埋薄基岩厚风积沙条件开采的导水裂隙带的高度。2020 年，郭文兵等[115]分析了高强度开采的定义，总结了高强度开采地表变形破坏规律，阐述了对地表生态环境的负面影响。

此外，有学者[116−123]还采用物理相似模拟、数值计算、InSAR、概率积分法模型及实验室激光扫描等方法研究了开采引起的岩层移动规律及地表下沉特征。

1.2.4　浅埋煤层开采覆岩裂隙与地裂缝发育规律研究

目前，已有成果研究了浅埋单一煤层开采覆岩裂隙与地裂缝的发育规律，以及裂隙发育与工作面推进速度、来压等的关系。此外，也有学者开展了浅埋煤层群重复采动覆岩裂隙二次活化发育规律的研究。

1. 浅埋单一煤层覆岩裂隙与地裂缝研究现状

浅埋煤层开采条件下，地裂缝发育严重，对生态环境造成严重威胁。在浅埋单一煤层开采的覆岩裂隙与地裂缝方面，学者主要研究了覆岩随工作面推进的覆岩裂隙发育规律与地裂缝发育机理。

2010 年，李振华等[124]通过模拟实验研究了覆岩裂隙演化的全过程，利用分形几何理论研究了裂隙网络分形维数与工作面推进度、矿山压力等的关系。2010 年，黄炳香等[125]采用物理模拟实验和理论模型相结合的方法，研究了采动导水裂隙的分布规律，提出了破断裂隙贯通度的概念，给出了其确定方法。2011 年，林海飞等[126]提出了"采动裂隙圆角矩形梯台带"工程模型，给出了裂隙带发育高度、沿走向和倾向方向发育参数以及断裂角的确定方法。2013 年，刘辉等[127]结合薄板理论和关键层理论，分析了薄基岩浅埋煤层开采地表塌陷型裂缝的形成机理，揭示了其动态发育规律。2015 年，贾后省等[128]分析了覆岩裂隙的张开闭合过程与形式，从工作面推进速度、液压支架支撑力、采空区的充填程度三个方面阐述了其对纵向贯通裂隙张开闭合的影响机制。2016 年，高超等[129]对土体的受力与极限平衡状态进行了分析，揭示了地裂缝的发育机理。

2. 浅埋煤层群开采覆岩裂隙与地裂缝研究现状

关于浅埋煤层群开采的裂隙发育方面，相关成果研究了重复采动下的覆岩裂隙活化规律，采用分形理论对裂隙发育特征进行了评价，为本书定量描述基于煤柱错距的覆岩裂隙发育程度提供了依据。

2013 年，李树清等[130]研究了双重卸压开采的覆岩裂隙发育过程，覆岩中形成了裂隙趋于闭合的"压实区"和裂隙趋于张开的"裂隙区"。2014 年，田成林等[131]采用数值模拟研究了浅埋煤层近距离煤层层间距、下层煤采高等因素对导水裂隙带发育高度的影响，揭示了层间距和下煤层采高对覆岩裂隙发育的机制。2015 年，薛东杰等[132]揭示了浅埋薄基岩煤层群开采裂隙演化规律，利用分形与逾渗理论定量评价了采动裂隙的演化特征。2016 年，李树刚等[133]利用相似模拟研究了近距离煤层重复采动覆岩裂隙发育发展演化过程，采用分形理论揭示了重复采动覆岩裂隙发育特征。2019 年，黄庆享等[134-136]研究了浅埋近距离煤层群高强度开采的地裂缝发育规律，揭示了下煤层开采的覆岩裂隙二次扩展机理。

此外，还有学者[137-143]通过物理模拟、数值计算及理论分析等手段研究了采动引起的覆岩破坏与裂缝演化规律、高强度开采条件下的地裂缝发育规律，以及采动影响下的底板裂缝扩展规律等。

1.2.5　三场演化规律及煤柱减压与地表减损研究

本节介绍浅埋煤层开采的多场分布或演化规律，研究成果多为应力场、位移场、裂隙场中两场的研究。

2015 年，徐军等[144]研究了巷道开挖前残留煤柱初始应力场和位移场的分布规律，揭示了煤柱宽度对煤柱应力场和位移场的影响。2016 年，高召宁等[145]分析了随回采工作面推进煤层底板中垂直应力和水平应力分布规律以及煤层底板的破坏形式，对煤层底板岩体进行了破坏分区，给出了裂纹不同破坏模式下的张开位移表达。程志恒等[146]通过物理相似模拟的方法，研究了保护层与被保护层双重采动影响下围岩应力-裂隙分布与演化特征。许昭勇等[147]揭示了水力压裂煤层裂纹扩展过程中渗流场、应力场和裂隙场的演化过程。2016 年，张阳等[148]建构了浅埋煤层上覆岩层移动变形力学模型，推导了煤层开采后采空区上方岩层内的位移、应变和应力的数学表达式。

关于浅埋煤层群上下区段煤柱错距与应力集中、覆岩移动和裂隙发育规律的研究，2016 年，黄庆享等[149]分析了浅埋煤层群开采煤柱宽度和不同留设方式的应力和塑性区分布规律，以及不同煤柱错距的地表下沉规律。张森等[150]分析了浅埋煤层群开采煤柱下的覆岩垮落规律、应力传递特征，以及煤柱错距对地表的影响。2018 年，黄庆享等[151]揭示了浅埋近距离煤层开采不同煤柱布置方式的间隔岩层破断特征，集中应力分布与覆岩裂隙发育规律以及地表下沉规律。2019 年，黄庆享等[152-153]揭示了下煤柱集中应力、覆岩与地表下沉以及覆岩裂隙与地裂缝发育随煤柱错距的演化机理，建构了避开上煤柱传递集中应力的煤柱错距计算模型，以及减缓地表不均匀沉降和地裂缝发育的煤柱错距计算模型（图 1.6）。

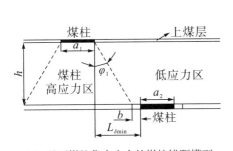

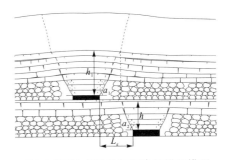

（a）避开煤柱集中应力的煤柱错距模型　　（b）减缓地表不均匀沉降的错距模型

图 1.6　避开集中应力和减缓地表不均匀沉降的错距模型

1.2.6 浅埋煤层开采三场演化规律研究现状

总结以上浅埋煤层开采的研究成果和三场的研究现状，可以得到以下结论：

（1）顶部单一煤层三场规律是基础，且有研究方法可借鉴。

已有学者对顶部单一煤层开采的矿压显现规律、覆岩移动与裂隙发育规律等开展了卓有成效的研究。单一煤层开采的集中应力分布规律、覆岩位移场特征和裂隙场发育规律是研究近距离煤层开采三场演化规律的基础，而区段煤柱对其具有重要影响，应当开展更加细致的研究。目前已开展了关于顶部煤层开采煤柱集中应力传递规律的研究，条带充填保水开采的连续梁力学模型可为煤柱区覆岩下沉解析式的求解提供参考，分形理论是定量分析裂隙发育程度的有效手段。

（2）已有研究成果大多只涉及一场或两场，三场的研究有待开展。

已有成果大多是应力场、位移场和裂隙场中的一场或两场的研究。目前，陕北浅埋近距离煤层开采，不仅要减小下煤柱的集中应力（安全开采），更要减缓重复采动后地表的不均匀沉降，减轻地裂缝的发育（绿色开采）。因此，同时实现煤柱减压与地表减损的科学采矿，开展浅埋近距离煤层开采的三场研究势在必行。

（3）区段煤柱覆岩结构具有重要影响，需专门研究。

区段煤柱是导致应力集中，不均匀沉降和裂隙集中发育的根源，尤其是浅埋近距离煤层群开采条件下，上下煤层留设有大量的区段煤柱，不同煤柱布置方式能形成不同的覆岩结构，应力场、位移场和裂隙场产生演化，需要研究能够实现三场耦合控制的最佳煤柱布置方式来实现煤柱减压与地表减损。因此，区段煤柱覆岩结构需要专门开展研究。

（4）已有研究多针对具体实例，耦合控制方法有待模型化。

目前研究一般是针对具体开采实例研究避开集中应力的方法，要么是煤层群开采的覆岩与地表移动、裂隙发育规律。而且研究多是针对具体的单个工作面，鲜有系统地从大范围开采的角度出发研究煤柱减压与地表减损的耦合控制问题。

本书拟通过研究三场演化规律，将三场耦合控制模型化，提出煤柱减压与地表减损耦合控制方法，为浅埋大煤田近距离煤层安全绿色开采提供新方法。

1.3 研究内容及方法

本书以柠条塔煤矿浅埋近距离煤层开采为背景，实现安全绿色开采为目标，采用统计分析、物理模拟、数值计算与理论分析结合方法，揭示三场演化规律，建构煤柱减压模型与地表减损模型，提出煤柱减压与地表减损耦合控制方法，研究内容如下：

（1）分析神南矿区和神东矿区典型矿井的覆岩地质条件，搜集顶部单一煤层和下煤层重复开采工程实例。结合实例分析上部遗留区段煤柱集中应力对下煤层开采的影响，重点掌握不同煤柱布置对巷道变形破坏的影响；掌握顶部单一煤层和重复开采的地表下沉规律，重点分析煤柱错距对地表不均匀沉降的影响；掌握顶部单一煤层和重复开采的地裂缝发育规律，重点分析煤柱布置与地裂缝发育之间的关系。

（2）通过物理模拟、数值计算与理论分析，揭示顶部单一煤层开采的应力场、位移场与裂隙场分布特征；建构煤柱底板应力计算模型，掌握煤柱集中应力传递规律；提出采空区倾向结构分区，建构分区沉陷力学模型，给出浅埋单一煤层开采的岩层与地表下沉曲线的数学表达式。

（3）结合物理模拟与数值计算，揭示不同煤柱错距的应力场演化规律，覆岩垮落与地表下沉规律，覆岩裂隙与地裂缝发育规律，建立煤柱布置方式与下煤柱集中应力、覆岩和地表移动及裂缝发育间的关系。掌握不同煤柱布置方式下的覆岩结构及其对应力场、位移场及裂隙场效应。

（4）建构基于下煤柱集中应力控制的煤柱减压模型，以及位移场和裂隙场控制的地表减损模型，提出实现煤柱减压与地表减损耦合控制的合理煤柱错距确定方法；分析煤层采高、层间距、基岩与土层厚度等因素对合理煤柱错距的影响。

1.4 研究的技术路线

本书以柠条塔煤矿浅埋近距离煤层开采为背景，分析顶部单一煤层及重复采动的三场分布与演化规律，建构减压模型和减损模型，提出了煤柱减压与地表减损耦合控制方法，研究总体技术路线如图1.7所示。

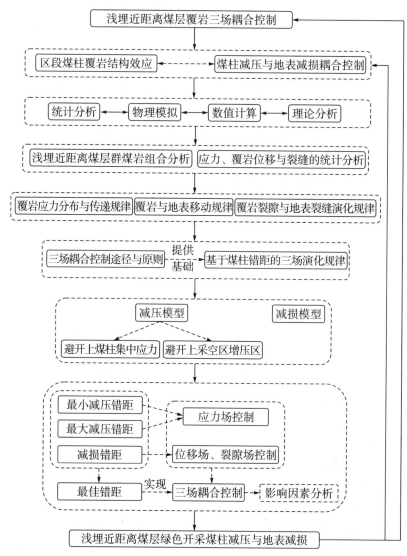

图 1.7 研究总体技术路线

2 浅埋近距煤层煤岩组合及巷道围岩 与地表变形规律

神东和神南矿区已进入浅埋近距离下煤层开采阶段，在下煤层开采过程中，区段煤柱集中应力严重，地表不均匀沉降显著，地裂缝发育严重，对浅埋近距离煤层的安全绿色开采带来巨大威胁。

本章分析了研究区典型矿井的煤岩组合关系，通过统计大量的实测资料，掌握了区段煤柱布置对下煤层巷道变形破坏的影响，揭示了单一煤层和煤层群开采的地表下沉移动特征以及区段煤柱错距对地表沉降的影响，同时分析了单一煤层与煤层群开采的地裂缝发育规律，并得到了区段煤柱错距对地裂缝发育的影响。从工程实例中揭示了上下煤柱布置方式与下煤柱集中应力、地表沉降及地裂缝发育的关系，为后续章节分析顶部单一煤层与近距离下煤层开采的覆岩三场演化规律提供了基础。

2.1 研究区开采条件分析

2.1.1 研究区典型矿井开采条件

神东和神南矿区主要赋存浅埋煤层，且埋藏浅、上覆厚松散层是两矿区的主要特征。近年来，矿区内的柠条塔煤矿、张家峁煤矿、红柳林煤矿、补连塔煤矿、哈拉沟煤矿、大柳塔煤矿活鸡兔井、三道沟煤矿等矿井都已进入下煤层开采阶段，煤层间距较近（一般为 15~40 m），属于浅埋近距离煤层开采。

为探究浅埋近距离煤层安全绿色开采的问题，必须搞清研究区目前主要开采煤层的赋存特征，神东矿区的煤系地层特征见表 2.1（伊茂森，2008）。

表 2.1　神东矿区煤系地层特征

层号	层厚/m	埋深/m	岩性	层号	层厚/m	埋深/m	岩性
1	18.50	18.50	风积沙	13	1.99	108.93	泥岩
2	60.14	78.64	黏土	14	17.55	126.48	细粒砂岩
3	4.68	83.32	粗砂岩	15	0.40	126.88	粉砂岩
4	7.27	90.59	细粒砂岩	16	1.90	128.78	泥岩
5	5.49	96.08	中粒砂岩	17	4.70	133.48	2^{-2}煤
6	0.20	96.08	泥岩	18	3.57	137.05	泥岩粉砂岩
7	1.03	97.31	1^{-2}煤	19	2.23	139.28	泥岩
8	2.11	99.42	泥岩	20	2.95	142.23	砂质泥岩
9	2.35	101.77	粉砂岩	21	3.07	145.30	泥岩
10	0.87	102.64	煤夹泥岩	22	9.10	97.14	细粒砂岩
11	3.90	106.54	泥岩	23	7.19	161.59	中粒砂岩
12	0.40	106.94	粉砂岩				

（1）哈拉沟煤矿。

哈拉沟煤矿位于神木市西北，矿井主采 $1^{-2上}$煤、1^{-2}煤和 2^{-2}煤，煤层倾角均为 1°～3°。$1^{-2上}$煤层厚度一般为 1.60～2.11 m，平均厚度为 2.00 m；1^{-2}煤层厚度一般为 0.80～2.88m，平均厚度为 1.75 m，$1^{-2上}$煤和 1^{-2}煤煤层间距为 7～16 m。2^{-2}煤层二盘区上覆采空区为 1^{-2}煤层开采形成的采空区，该盘区 1^{-2}煤层的厚度一般为 1.20～2.50 m，2^{-2}煤层的厚度一般为 4.30～5.84 m，平均厚度为 5.10 m，1^{-2}煤和 2^{-2}煤煤层间距为 18～36 m。2^{-2}煤层埋深一般为 100.00～120.00 m，薄基岩，地表覆盖有厚松散层，1^{-2}煤上覆基岩厚度一般为 25.00～76.01 m，松散层厚度一般为 20.00～30.00 m。根据钻孔数据，哈拉沟煤矿覆岩岩性特征见表 2.2。

表 2.2 哈拉沟矿覆岩岩性特征

层号	H8号钻孔 层厚/m	埋深/m	岩性	H59号钻孔 层厚/m	埋深/m	岩性	22209工作面钻孔 层厚/m	埋深/m	岩性	Q8号钻孔 层厚/m	埋深/m	岩性
1	30.70	30.70	流沙	37.30	37.30	黄土	8.00	8.00	风积沙	30.70	30.70	流沙
2	4.63	35.33	红土	14.10	51.40	炭质泥岩	24.63	32.63	粉/细砂岩	4.63	35.33	红土
3	7.40	42.73	细砂岩	4.70	56.10	粉砂岩	0.62	33.25	$1^{-2上}$煤	7.40	42.73	细粒砂岩
4	13.40	56.13	粉砂岩	4.80	60.90	细粒砂岩	9.70	42.95	粉细砂岩互层	13.40	56.13	粉砂岩
5	0.80	56.93	细粒砂岩	12.10	73.00	中粒砂岩	1.25	44.20	1^{-2}煤	0.80	56.93	细粒砂岩
6	17.54	74.47	中粒砂岩	3.35	76.35	泥岩	0.40	44.60	粉砂岩	17.54	74.47	中粒砂岩
7	0.79	75.26	粉砂岩	3.30	79.65	细粒砂岩	15.74	60.34	中粒砂岩	6.79	81.26	粉砂岩
8	1.90	77.16	砂质粉砂岩	3.96	83.61	粉砂岩	7.00	67.34	粉/细砂岩	1.90	83.16	粉砂岩
9	0.48	77.64	1^{-1}煤	8.84	92.45	中粒砂岩	5.40	72.74	2^{-2}煤	0.48	83.64	1^{-1}煤
10	0.67	78.31	炭质泥岩	2.70	95.15	炭质泥岩	3.49	76.23	粉砂岩	0.67	84.31	炭质泥岩
11	7.07	85.38	粉砂岩	3.10	98.25	粉砂岩				7.07	91.38	粉砂岩
12	1.82	87.20	$1^{-2上}$煤	1.80	100.05	$1^{-2上}$煤				1.81	93.19	$1^{-2上}$煤

续表

层号	H8号钻孔			H59号钻孔			22209工作面钻孔			Q8号钻孔		
	层厚/m	埋深/m	岩性	层厚/m	埋深/m	岩性	层厚/m	埋深/m	岩性	层厚/m	埋深/m	岩性
13				1.69	101.74	炭质泥岩				1.29	94.48	细粒砂岩
14				5.98	107.72	细粒砂岩				5.18	99.66	粉砂岩
15				1.93	109.65	粉砂质泥岩				1.70	101.36	1^{-2}煤
16				1.20	110.85	1^{-2}煤				1.20	102.56	粉砂岩
17										5.98	108.54	细粒砂岩
18										14.35	122.89	中粒砂岩
19										2.61	125.50	细粒砂岩
20										5.62	131.12	2^{-2}煤

（2）补连塔煤矿。

补连塔煤矿主要开采 1^{-2} 煤和 2^{-2} 煤，1^{-2} 煤层和 2^{-2} 煤层平均厚度分别为 5.40 m 和 7.00 m，层间距一般为 30~35 m，根据 22307 工作面钻孔数据，得到补连塔煤矿 22307 工作面覆岩岩性特征见表 2.3，2^{-2} 煤层平均埋深为 99.37 m，上覆松散层厚度为 8.00~23.00 m。

表 2.3 补连塔煤矿 22307 工作面覆岩岩性特征

层号	层厚/m	埋深/m	岩性	层号	层厚/m	埋深/m	岩性
1	6.42	6.42	风积沙	13	11.15	45.90	中粒砂岩
2	5.58	12.00	粗粒砂岩	14	1.00	46.90	砂质泥岩
3	3.50	15.50	砂质泥岩	15	0.97	47.87	中粒砂岩
4	2.42	17.92	泥岩	16	5.52	53.39	1^{-2} 煤
5	2.38	20.30	砂质泥岩	17	3.97	57.36	砂质泥岩
6	1.06	21.36	中粒砂岩	18	2.90	60.26	细粒砂岩
7	2.99	24.35	砂质泥岩	19	29.88	90.14	中粒砂岩
8	0.85	25.20	细粒砂岩	20	1.76	91.90	砂质泥岩
9	2.14	27.34	砂质泥岩	21	7.47	99.37	2^{-2} 煤
10	2.36	29.70	泥岩	22	2.75	102.12	泥岩
11	3.93	33.63	砂质泥岩	23	3.28	105.40	砂质泥岩
12	1.12	34.75	1^{-1} 煤	24	1.50	106.90	细粒砂岩

（3）大柳塔煤矿活鸡兔井。

大柳塔煤矿活鸡兔井开采 $1^{-2上}$ 煤、1^{-2} 煤和 5^{-2} 煤，煤层倾角 1°~3°。$1^{-2上}$ 煤层厚度一般为 0.70~3.85m，平均厚度为 3.00 m；1^{-2} 煤层厚度一般为 4.30~6.00 m，平均厚度为 5.00 m；$1^{-2上}$ 煤与 1^{-2} 煤煤层间距为 0.82~32.07 m，平均间距为 17.85 m。根据 12306 工作面 H64 号钻孔数据，得到大柳塔煤矿活鸡兔井覆岩岩性特征（表 2.4）。

表 2.4 大柳塔煤矿活鸡兔井覆岩岩性特征（H64 号钻孔）

层号	层厚/m	埋深/m	岩性	层号	层厚/m	埋深/m	岩性
1	21.79	21.79	黄土	13	1.79	67.60	细粒砂岩
2	6.03	27.82	细粒砂岩	14	2.33	69.93	粉砂岩

续表

层号	层厚/m	埋深/m	岩性	层号	层厚/m	埋深/m	岩性
3	16.86	44.68	粉砂岩	15	1.87	71.8	细粒砂岩
4	1.77	46.45	细粒砂岩	16	1.36	73.16	中粒砂岩
5	1.50	47.95	粉砂岩	17	2.67	75.83	$1^{-2上}$煤
6	0.95	48.90	细粒砂岩	18	6.04	81.87	粉砂岩
7	4.13	53.03	中粒砂岩	19	1.40	83.27	细粒砂岩
8	4.37	57.40	粗粒砂岩	20	1.73	85.00	中粒砂岩
9	0.20	57.60	1^{-1}煤	21	11.94	96.94	粗粒砂岩
10	2.54	60.14	粉砂岩	22	0.20	97.14	粉砂岩
11	3.86	64.00	细粒砂岩	23	5.91	103.05	1^{-2}煤
12	1.81	65.81	粉砂岩				

（4）三道沟煤矿。

三道沟煤矿位于陕西省府谷县西北，可采煤共七层，自上而下分别为 3^{-1}、3^{-2}、3^{-3}、4^{-3}、4^{-4}、$5^{-2上}$、5^{-2}煤层，主采 $5^{-2上}$煤层和 5^{-2}煤层，煤层倾角小于 $1°$。$5^{-2上}$煤层厚度为 0.80~2.83 m，平均厚度为 1.91 m，煤层埋深为 155.05~235.68 m；5^{-2}煤层厚度为 2.21~7.04 m，平均厚度为 4.97 m。$5^{-2上}$与 5^{-2}煤煤层间距 2.64~25.40 m，平均间距为 18.97 m。根据八盘区钻孔数据，得到三道沟煤矿覆岩岩性特征（表 2.5）。

表 2.5　三道沟煤矿覆岩岩性特征（八盘区钻孔）

层号	层厚/m	埋深/m	岩性	层号	层厚/m	埋深/m	岩性
1	120.00	120.00	黄土及黏土	17	4.40	190.80	粉砂岩
2	6.90	126.90	粉砂岩	18	1.80	192.60	细粒砂岩
3	1.00	127.90	泥岩	19	3.60	196.20	粉砂岩
4	1.80	129.70	粉砂岩	20	2.90	199.10	细粒砂岩
5	2.20	131.90	细粒砂岩	21	1.00	200.10	粉砂岩
6	4.60	136.50	粉砂岩	22	2.80	202.90	细粒砂岩

层号	层厚/m	埋深/m	岩性	层号	层厚/m	埋深/m	岩性
7	1.00	137.50	细粒砂岩	23	1.50	204.40	粉砂岩
8	1.20	138.70	粉砂岩	24	9.80	214.20	细粒砂岩
9	2.60	141.30	细粒砂岩	25	4.30	218.50	砂质泥岩
10	15.50	156.80	中粒砂岩	26	4.50	223.00	5^{-2}煤
11	1.40	158.20	粉砂岩	27	0.20	223.20	夹矸泥岩
12	0.70	158.90	3煤	28	1.60	224.60	$5^{-2上}$煤
13	4.50	163.40	粉砂岩	29	1.50	226.10	粉砂岩
14	10.50	173.90	细粒砂岩	30	3.10	229.20	细粒砂岩
15	11.30	185.20	粉砂岩	31	1.20	230.40	中砂岩
16	1.20	186.40	4煤				

（5）张家峁煤矿。

张家峁煤矿位于神木县北，毛乌苏沙漠和陕北黄土高原的交界区域。矿井主要可采煤层为 2^{-2}煤、3^{-1}煤、4^{-2}煤和 5^{-2}煤，煤层厚度为 3.00～7.00 m，赋存稳定。根据矿井北翼钻孔数据，张家峁煤矿覆岩岩性特征见表 2.6，煤岩组合存在以下类型：

① 4^{-2}、4^{-3}、4^{-4}、5^{-2}煤岩组。

4^{-2}、4^{-3}、4^{-4}、5^{-2}煤岩组主要存在于张家峁井田北翼，4^{-2}煤层厚度为 3.40 m，4^{-3}煤层厚度为 1.20 m，4^{-4}煤层厚度为 1.00 m，5^{-2}煤层厚度为 6.20 m。4^{-2}煤与 4^{-3}煤煤层间距平均为 23.10 m，4^{-3}煤与 4^{-4}煤煤层间距平均为 15.10 m，4^{-4}煤与 5^{-2}煤煤层间距平均为 35.60 m。

② 3^{-1}、4^{-2}、5^{-2}煤岩组。

3^{-1}、4^{-2}、5^{-2}煤岩组主要存在于张家峁井田北区，3^{-1}煤层厚度为 2.71 m，4^{-2}煤层厚度为 3.84 m，5^{-2}煤层厚度为 6.36 m。3^{-1}煤与 4^{-2}煤煤层间距平均为 33.95 m，4^{-2}煤与 5^{-2}煤煤层间距平均为 71.20 m。

③ 2^{-2}、3^{-1}、4^{-2}煤岩组。

2^{-2}、3^{-1}、4^{-2}煤岩组主要存在于张家峁井田北翼西区，2^{-2}煤层厚度为 9.63 m，3^{-1}煤层厚度为 2.90 m，4^{-2}煤层厚度为 5.20 m。2^{-2}煤与 3^{-1}煤煤层间距平均为 33.08 m，3^{-1}煤与 4^{-2}煤煤层间距平均为 37.75 m。

表2.6 张家峁煤矿覆岩岩性特征

层号	4⁻², 4⁻³, 4⁻⁴, 5⁻²煤岩组			3⁻¹, 4⁻², 5⁻²煤岩组			2⁻², 3⁻¹, 4⁻²煤岩组		
	层厚/m	埋深/m	岩性	层厚/m	埋深/m	岩性	层厚/m	埋深/m	岩性
1	19.30	19.30	黄土	6.80	6.80	砂土	45.50	45.50	黄土
2	55.00	74.30	红土	24.80	31.60	红土	9.95	55.45	粉砂岩
3	3.50	77.80	粉砂岩	2.00	33.60	泥岩	3.50	58.95	细粒砂岩
4	16.50	94.30	细粒砂岩	12.25	45.85	细粒砂岩	6.30	65.25	中粒砂岩
5	2.10	96.40	泥岩	2.30	48.15	粉砂岩	5.45	70.70	粉砂岩
6	3.40	99.80	4⁻²煤	6.80	54.95	细粒砂岩	2.80	73.50	细粒砂岩
7	7.50	107.30	泥岩	2.71	57.66	3⁻¹煤	2.50	76.00	砂质泥岩
8	15.60	122.90	中粒砂岩	8.50	66.16	细粒砂岩	3.50	79.50	中粒砂岩
9	1.20	124.10	4⁻³煤	5.80	71.96	粉砂岩	9.10	88.60	细粒砂岩
10	1.70	125.80	泥岩	12.45	84.41	细粒砂岩	6.80	95.40	粉砂岩
11	2.10	127.90	细粒砂岩	4.70	89.11	中粒砂岩	9.63	105.03	2⁻²煤
12	11.30	139.20	中粒砂岩	2.50	91.61	粉砂岩	1.60	106.63	泥岩
13	1.00	140.20	4⁻⁴煤	3.84	95.45	4⁻²煤	12.73	119.63	粉砂岩

续表

层号	4^{-2}、4^{-3}、4^{-4}、5^{-2}煤岩组			3^{-1}、4^{-2}、5^{-2}煤岩组			2^{-2}、3^{-1}、4^{-2}煤岩组		
	层厚/m	埋深/m	岩性	层厚/m	埋深/m	岩性	层厚/m	埋深/m	岩性
14	2.60	142.80	泥岩	4.77	100.22	粉砂岩	8.75	128.11	细粒砂岩
15	4.50	147.30	细粒砂岩	15.98	116.20	细粒砂岩	2.50	130.61	砂质泥岩
16	28.50	175.80	粉砂岩	0.95	117.15	4^{-3}煤	7.50	138.11	粉砂岩
17	6.20	182.00	5^{-2}煤	2.50	119.65	泥岩	2.90	141.01	3^{-1}煤
18	6.30	188.30	粉砂岩	7.80	127.45	细粒砂岩	7.80	148.81	粉砂岩
19				2.95	130.40	粉砂岩	15.40	164.21	细粒砂岩
20				0.90	131.30	4^{-4}煤	6.50	170.71	粉砂岩
21				3.50	134.80	泥岩	2.85	173.56	中粒砂岩
22				2.85	137.65	细粒砂岩	5.20	178.76	粉砂岩
23				10.50	148.15	粉砂岩	5.20	183.96	4^{-2}煤
				18.50	166.65	细粒砂岩	4.50	188.46	粉砂岩
				6.36	173.01	5^{-2}煤	11.30	199.76	细粒砂岩
				13.20	186.21	粉砂岩			

（6）红柳林煤矿。

神南矿区的红柳林煤矿处于干旱、半干旱的毛乌素沙漠与黄土高原接壤地区，矿井东部为黄土梁峁沟谷地貌，西部为波状沙丘地，地势开阔，地势总体呈西高东低、中部高南北低的特点。根据矿井北翼钻孔数据，红柳林煤矿覆岩岩性特征见表 2.7，煤岩组合存在以下类型：

①$4^{-2}$、5^{-2}煤岩组（2～4 号钻孔、6－3 钻孔）。

4^{-2}、5^{-2}煤岩组主要存在于红柳林井田北翼东区，根据 2～4 号钻孔，4^{-2}煤层厚度为 2.05 m，5^{-2}煤层厚度为 7.83 m，4^{-2}煤与 5^{-2}煤煤层间距为 70.56 m；根据 6－3 号钻孔，4^{-2}煤层厚度为 3.50 m，5^{-2}煤层厚度为 5.30 m，4^{-2}煤与 5^{-2}煤煤层间距为 76.25 m。

②$2^{-2}$、3^{-1}、4^{-2}、5^{-2}煤岩组（9～11 钻孔）。

2^{-2}、3^{-1}、4^{-2}、5^{-2}煤岩组主要存在于红柳林井田的西北部，根据 9～11 号钻孔，2^{-2}煤层厚度为 3.95 m，3^{-1}煤层厚度为 2.96 m，4^{-2}煤层厚度为 3.40 m，5^{-2}煤层厚度为 3.50 m。2^{-2}煤与 3^{-1}煤煤层间距为 27.00 m，3^{-1}煤与 4^{-2}煤煤层间距为 44.90 m，4^{-2}煤与 5^{-2}煤煤层间距为 49.01 m。

（7）柠条塔煤矿。

根据钻孔数据，柠条塔煤矿覆岩岩性特征见表 2.8。神南矿区的柠条塔煤矿位于毛乌素沙漠东南缘，北翼东区主采煤层为 1^{-2}煤、2^{-2}煤和 3^{-1}煤，倾角小于 1°，目前开采 1^{-2}煤层和 2^{-2}煤层，3^{-1}煤层规划后期开采。根据钻孔数据，柠条塔煤矿覆岩岩性见表 2.8。

由表 2.8 可知，1^{-2}煤层厚度 0.83～2.50 m，平均厚度为 1.84 m，埋深为 60.20～180.30 m，煤层上覆基岩厚度一般为 50.00～90.00 m，土层厚度一般为 50.00～100.00 m；2^{-2}煤层厚度一般为 4.60～9.33 m，平均厚度为 5.00 m，埋深为 89.10～262.10 m；3^{-1}煤层厚度 1.82～3.14 m，平均厚度为 3.00 m，埋深为 129.20～287.50 m。1^{-2}煤与 2^{-2}煤煤层间距 14.31～50.59 m，平均间距 35.68 m；2^{-2}煤与 3^{-1}煤煤层间距 22.57～37.56 m，平均间距为 35.00 m。

表 2.7 红柳林煤矿覆岩岩性特征

层号	4⁻²、5⁻²煤岩组（2~4号钻孔）			4⁻²、5⁻²煤岩组（6~3钻孔）			2⁻²、3⁻¹、4⁻²、5⁻²煤岩组（9~11号钻孔）		
	层厚/m	埋深/m	岩性	层厚/m	埋深/m	岩性	层厚/m	埋深/m	岩性
1	10.50	10.50	风积沙	2.80	2.80	风积沙 20.78	7.50	7.50	风积沙
2	40.09	51.09	黄土	20.78	23.58	黄土	19.60	27.10	黄土
3	11.41	62.50	黏土	22.72	46.30	黏土	25.30	52.4	红土
4	8.00	70.50	钙质结核层	11.00	57.30	粉砂岩	12.50	64.90	中粒砂岩
5	2.59	73.09	砂质泥岩	8.89	66.19	细粒砂岩	4.15	69.05	粉砂岩
6	3.11	76.20	中粒砂岩	0.66	66.85	粉砂岩	3.95	73.00	2⁻²煤
7	2.50	78.70	细粒砂岩	3.50	70.35	4⁻²煤	7.25	80.25	泥岩
8	17.40	96.10	砂质泥岩	1.60	71.95	砂质泥岩	7.30	87.55	细粒砂岩
9	6.32	100.42	粉砂岩	3.18	75.13	细粒砂岩	6.60	94.15	中粒砂岩
10	3.28	105.7	细粒砂岩	21.37	96.5	中粒砂岩	5.85	100.00	细粒砂岩
11	2.05	107.75	4⁻²上煤	0.60	97.10	4⁻³煤	2.96	102.96	3⁻¹煤
12	1.10	108.85	泥岩	2.90	100.00	细粒砂岩	2.5	105.46	细粒砂岩
13	2.05	110.90	4⁻²煤	3.10	103.10	粉砂岩	1.70	107.16	砂质泥岩
14	1.24	112.14	泥岩	5.75	108.85	细粒砂岩	2.00	109.16	细粒砂岩
15	1.36	113.50	中粒砂岩	1.05	109.90	4⁻⁴煤	12.90	122.06	砂质泥岩
16	6.20	119.70	粉砂岩	0.80	110.70	粉砂岩	3.10	125.16	细粒砂岩

续表

层号	4⁻²、5⁻²煤岩组（2~4号钻孔）			4⁻²、5⁻²煤岩组（6—3钻孔）			2⁻²、3⁻¹、4⁻²、5⁻²煤岩组（9~11号钻孔）		
	层厚/m	埋深/m	岩性	层厚/m	埋深/m	岩性	层厚/m	埋深/m	岩性
17	12.41	132.11	砂质泥岩	1.00	111.70	中粒砂岩	18.90	144.06	中粒砂岩
18	7.60	139.71	细粒砂岩	3.58	115.28	粉砂岩	3.8	147.86	细粒砂岩
19	1.94	141.65	泥岩	4.35	119.63	细粒砂岩	3.40	151.26	4⁻²煤
20	1.00	142.65	4⁻⁴煤	26.97	146.60	中粒砂岩	2.10	153.36	泥岩
21	1.69	144.34	泥岩	5.30	151.90	5⁻²煤	5.80	159.16	砂质泥岩
22	10.51	154.85	粉砂岩	0.85	152.75	细粒砂岩	5.25	164.41	细粒砂岩
23	4.83	159.68	细粒砂岩	1.00	153.75	5⁻²F煤	0.85	165.26	4⁻³煤
24	18.92	178.60	中粒砂岩	0.70	154.45	粉砂岩	6.16	171.42	粉砂岩
25	2.86	181.46	细粒砂岩	2.20	156.65	细粒砂岩	5.08	176.50	泥岩
26	7.83	189.29	5⁻²煤	0.50	157.15	5⁻³煤	4.42	180.92	粉砂岩
27	2.41	191.70	泥岩	3.85	161.00	中粒砂岩	13.10	194.02	细粒砂岩
28	0.30	192.00	5⁻³煤	7.80	168.80	中粒砂岩	6.25	200.27	粉砂岩
29	7.40	199.40	粉砂岩				3.50	203.77	5⁻²煤
30	4.80	204.20	细粒砂岩				6.50	210.27	粉砂岩
31							1.85	212.12	细粒砂岩

表2.8 柠条塔煤矿覆岩岩性特征

层号	NBK26号钻孔			NBK11号钻孔			NBK21号钻孔		
	层厚/m	埋深/m	岩性	层厚/m	埋深/m	岩性	层厚/m	埋深/m	岩性
1	94.74	94.70	红土	42.00	42.00	红土	34.50	34.50	红土
2	14.76	109.50	砂质泥岩	14.76	56.76	砂质泥岩	2.85	37.35	泥岩
3	21.55	131.10	粉砂岩	21.55	78.31	粉砂岩	21.56	58.91	细粒砂岩
4	28.75	159.90	中粒砂岩	28.75	106.62	中粒砂岩	29.39	88.30	砂质泥岩
5	6.70	166.60	粉砂岩	6.70	113.32	粉砂岩	16.50	104.80	中粒砂岩
6	9.96	176.60	中粒砂岩	9.96	123.28	中粒砂岩	11.00	115.8	粉砂岩
7	1.89	178.50	1^{-2}煤	1.89	125.17	1^{-2}煤	9.99	125.79	中粒砂岩
8	9.40	187.90	细粒砂岩	2.85	128.02	细粒砂岩	3.00	128.79	细粒砂岩
9	3.80	191.70	粉砂岩	6.55	134.67	细粒砂岩	1.84	130.63	粉砂岩
10	5.90	197.60	细粒砂岩	3.80	138.47	粉砂岩	1.69	132.32	1^{-2}煤
11	1.00	198.60	粉砂岩	5.90	144.37	细粒砂岩	1.76	134.08	粉砂岩
12	13.16	211.80	细粒砂岩	1.00	145.37	粉砂岩	11.52	145.60	粉砂岩

续表

层号	NBK26 号钻孔 层厚/m	NBK26 号钻孔 埋深/m	NBK26 号钻孔 岩性	NBK11 号钻孔 层厚/m	NBK11 号钻孔 埋深/m	NBK11 号钻孔 岩性	NBK21 号钻孔 层厚/m	NBK21 号钻孔 埋深/m	NBK21 号钻孔 岩性
13	4.60	216.40	2^{-2}煤	11.00	156.37	细粒砂岩	2.43	148.03	泥岩
14	3.54	219.90	粉砂岩	2.16	158.53	细粒砂岩	16.17	164.20	中粒砂岩
15	8.70	228.60	细粒砂岩	4.60	163.13	2^{-2}煤	5.80	170.00	粉砂岩
16	2.40	231.00	粉砂岩	3.54	166.67	粉砂岩	1.40	171.40	砂质泥岩
17	11.70	242.70	细粒砂岩	8.70	175.37	细粒砂岩	5.69	177.09	2^{-2}煤
18	6.90	249.60	中粒砂岩	2.40	177.77	粉砂岩	7.40	184.50	粉砂岩
19	3.45	253.10	粉砂岩	11.70	189.47	细粒砂岩	5.60	190.10	粉砂岩
20	2.74	255.80	3^{-1}煤	6.90	196.37	中粒砂岩	13.40	203.50	细粒砂岩
21				3.45	199.91	粉砂岩	6.93	210.43	粉砂岩
22				2.74	202.38	3^{-1}煤	0.48	210.91	砂质泥岩
23							2.71	213.62	3^{-1}煤

2.1.2 浅埋近距离煤层群煤岩组合关系

根据以上典型矿井的煤层地质条件，得到神东和神南矿区 7 个矿井的煤岩组合关系（表 2.9）。可以得到以下结论：

（1）研究区浅埋近距离煤层开采，采空区下的下部煤层厚度一般为 3.00～5.00 m，两煤层间距多介于 15～40 m 之间。

（2）煤层上覆岩层主要由松散层和基岩层组成。松散层包括沙层（风积沙、萨拉乌苏组）和土层（离石黄土、三趾马红土），以土层为主，且厚度较大，一般为 20.00～120.00 m。

（3）土层与基岩的物理性质存在差异，因此，受采动影响，土层的移动下沉规律、裂隙在土层中的发育规律等与基岩出露地表时的情况明显不同。

表 2.9 神东、神南矿区 7 个矿井的煤岩组合关系

矿井	开采煤层	倾角/°	埋深/m	煤层厚度/m	层间距/m	覆岩组成与厚度	
						覆岩组成	厚度/m
哈拉沟	1⁻²煤	1～3	＜150	1.20～2.50	18～36	松散层 红土、黄土、风积沙	20～30
	2⁻²煤			5.00		基岩	25～76
大柳塔矿活鸡兔井	1⁻²上煤	1～3	＜150	3.00	$\frac{0.82\sim32}{17.85}$	松散层：黄土	22
	1⁻²煤			4.30～5.70		基岩	51
	5⁻²煤			4.08	—		
三道沟	5⁻²上煤	＜1	155～236	1.91	$\frac{2.6\sim25.5}{18.97}$	松散层：黄土和黏土	120
	5⁻²煤			—	4.97	基岩	98
柠条塔	1⁻²煤	＜1	62～180	1.84	$\frac{14.3\sim50.6}{35.7}$	松散层：红土	50～100
	2⁻²煤		89～262	5.00	$\frac{22.6\sim37.6}{30}$	基岩	50～90
	3⁻¹煤		129～288	3.00			
补连塔	1⁻²煤	1～3	—	5.40	30～35	松散层	4～23
	2⁻²煤		99.37	7.00		基岩	80～96

续表

矿井	开采煤层	倾角/°	埋深/m	煤层厚度/m	层间距/m	覆岩组成与厚度	
						覆岩组成	厚度/m
张家峁	4⁻²煤	1～3	<200	3.40	23.1	松散层：黄土、红土	75
	4⁻³煤			1.20	15.1		
	4⁻⁴煤			1.00	35.6	基岩	104
	5⁻²煤			6.30			
	3⁻¹煤	1～3	<200	2.70	33.95	松散层：砂土、红土	32
	4⁻²煤			3.80	71.2		
	5⁻²煤			6.40		基岩	154
	2⁻²煤	1～3	<200	9.60	33.08	松散层：黄土	46
	3⁻¹煤			2.90	37.75		
	4⁻²煤			3.80		基岩	154
红柳林	4⁻²煤	1～3	<250	3.70	69.58	松散层 风积沙、黏土、黄土	46～62
	5⁻²煤			7.20		基岩	123～142
	2⁻²煤	1～3	<250	3.90	27	松散层 风积沙、黄土、红土	52
	3⁻¹煤			2.90	44.9		
	4⁻²煤			3.40	49.01	基岩	160
	5⁻²煤			3.50			

所列矿井基本上是神东和神南矿区的主力矿井，根据上述分析，其浅埋近距离煤层开采条件具有类似性。本书将以柠条塔煤矿 1⁻²煤层和 2⁻²煤层开采为例展开研究，可为研究区及类似条件下矿井的浅埋近距离煤层安全绿色开采提供指导与借鉴。

2.2 基于煤柱布置的下煤层巷道变形破坏规律

为实现浅埋近距离煤层的安全开采，要控制下煤层煤柱的集中应力，从而改善巷道的围岩应力状态，保障巷道的稳定性。上下煤层的煤柱错距对下煤柱的集中应力起控制作用，应将下煤层巷道布置在应力集中区外。对于近距离煤层开采，上下煤层巷道布置与下煤层巷道变形破坏的开采实例见表 2.10[154-161]，通过分析开采实例，可以掌握上下煤层不同煤柱布置对巷道稳定性的影响。

表 2.10 煤柱布置与下煤层巷道变形破坏规律的实例

序号	矿名	煤层工作面	煤层厚度/m	埋深/m	层间距/m	煤层工作面布置	巷道变形破坏规律
1	贺西矿	3#煤	2.00	378	4~10	(1) 原布置:4#煤巷道内错 4 m 布置。(2) 改善后:内错距增大为 8 m 布置	(1) 原布置:4#煤层巷道围岩破碎严重,变形较大。(2) 改善后:4#煤层巷道顶板下沉量小于 130 mm,两帮移近量小于 100 mm,满足需求
		4#煤	3.80	386			
2	寺河矿	3#煤	6.20	395	50	(1) 9#煤运输巷与 3#煤区段煤柱斜交。(2) 9#煤轨道巷处于 3#煤工作面采空区下	(1) 94313 运输巷与上煤柱水平距越近,巷道变形量越大。(2) 当 94315 工作面两巷均布置在距上煤柱边缘 30 m 位置,巷道稳定性好
		9#煤	1.20	445			
3	冯家塔	2#煤	3.08	—	4~22	4#煤 1403 回风巷布置。在距 2#煤煤柱边缘 8 m	巷道变形小,较为安全
		4#煤	4.22	116.1			
4	曹村矿	10#煤	4.43	215	8.4~11.4	11#煤 209 工作面回采巷道内错距 7.5 m	下工作面巷道顶底板移近量在 112 mm 内,两帮移近量在 134 mm 内,无强烈矿压显现
		11#煤	1.65	224.3			
5	宜兴煤业	2#煤	1.63	405	5.5~9.0	2#下煤 1201⁻² 工作面运输巷内错 5 m 布置	(1) 叠置:顶底板和两帮移近量为 479 mm 和 373 mm。(2) 内错 5 m:顶底板移近量为 182 mm,两帮移近量为 147 mm,满足需求
		2#下煤	1.40	503			
6	补连塔	1⁻²煤	5.90		21~40	2⁻²煤巷道与 1⁻²煤煤柱错开 32 m 布置	2⁻²煤工作面巷道顶底板及两帮变形量得到有效控制
		2⁻²煤	7.20	140			
7	新柳矿	10#煤	1.76	235.5	3	保守采用下煤层巷道内错 15 m 布置	11#煤工作面巷道顶底板移近量 20~110 mm,两帮移近量 30~220 mm,巷道稳定
		11#煤	4.70	240			

序号	矿名	煤层工作面	煤层厚度/m	埋深/m	层间距/m	煤层工作面布置	巷道变形破坏规律
8	某矿	3—²煤	1.62	—	5.5	3—³煤巷道外错 5 m 布置	3—³煤巷道顶底板收敛位移和两帮收敛位移均小于 20 mm，顶板最大离层 4 mm，稳定性好
		3—³煤	2.60	—			
9	某矿	1—²煤	—		20	(1) 2—²煤 1720 回风巷距上区段煤柱中心线 7 m。 (2) 2—²煤 1927 回风巷距上区段煤柱中心线 15 m	(1) 1720 回风巷顶底板和两帮变形量为 417 mm 和 286 mm。 (2) 1927 回风巷顶底板和两帮变形量为 156 mm 和 135 mm
		2—²煤	—	450			

1. 合理煤柱布置与巷道变形破坏的关系

（1）贺西矿。

3#和4#煤层的煤柱错距增大后，避开了上煤柱传递的集中应力，因此下煤层煤柱集中应力减小，巷道变形量明显减小，巷道围岩条件得到改善。

（2）寺河矿。

下煤层运输巷处于上煤柱传递集中应力范围内，呈斜交关系。根据实测，该巷道变形量大，但不同位置的变形破坏程度有所不同，随着距上煤柱中心线水平距离增大，下煤层巷道变形相对有所减小。而处于采空区下的轨道巷稳定性好。可见，上煤柱正下方的传递的集中应力最大，随着水平距离增大，下煤层巷道受传递集中应力的影响减小。

（3）宜兴煤业。

宜兴煤业下煤层巷道不同布置方式与巷道变形的关系如图 2.1 所示，在叠置情况下巷道的变形量最大，而当下煤层巷道内错 5 m 时，巷道的变形量显著减小。可见，通过下煤层巷道的合理布置，能够避开上煤柱传递的集中应力，从而减小巷道的变形破坏。

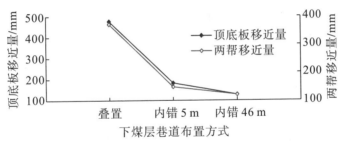

图 2.1 下煤层巷道布置方式与巷道变形的关系

2. 层间距对合理煤柱布置的影响

下面采用控制变量的方法进行分析：表 2.10 中实例 1、2、5 和 9 的埋深相差不大，层间距存在差异，可一起分析；表 2.10 中实例 3 和 6 的埋深相差不大，层间距存在差异，可一起分析，得到不同层间距时的合理煤柱布置变化规律如图 2.2 所示。

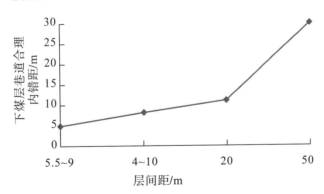

（a）上煤埋深约 400 m 时层间距与煤柱布置关系

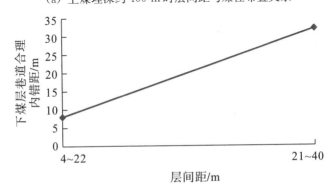

（b）上煤埋深约 110 m 时层间距与煤柱布置关系

图 2.2 不同层间距时的合理煤柱布置变化规律

由图可知，在层间距较小的情况下（＜20 m），下煤层巷道合理内错距也较小，一般小于 15 m；随着层间距的增大，下煤层巷道合理内错距随之增大。但从图中可以看出，下煤层巷道合理内错距随层间距的变化并不呈线性关系，需要进一步厘清集中应力的传递规律，从而确定不同层间距条件下的合理错距。

3. 合理煤柱布置的影响因素有待进一步分析

由于实例矿井的地质条件（埋深、基岩与土层厚度等）存在差异，因此，其他开采条件对避开上煤柱传递集中应力的合理煤柱错距有何影响，以及不同煤柱错距时的覆岩应力场尤其是下煤柱集中应力的变化规律，这些问题将在后续章节中分析。

2.3 近距离煤层开采地表下沉规律

2.3.1 单一煤层开采地表下沉规律

国内单煤层开采（浅埋煤层单一煤层开采、普通埋深条件的单一煤层开采）地表下沉规律的实例见表 2.11[162−174]，可以得出以下结论：

（1）浅埋煤层厚松散层开采条件下，上覆岩土体的结构性差，煤层开采后，覆岩下沉量传递到地表的时间较短，地表的下沉系数相对较大。但在基岩与松散土层厚度比增大、覆岩较为坚硬时，下沉系数有所减小。

（2）随着煤层埋深增大，基岩厚度会不断增加，基岩层存在多层关键层，覆岩垮落规律与结构特征不同于浅埋煤层开采。受煤层采动影响，岩层自下而上发生垮落离层，又由于关键层的骨架作用，下沉系数减小。

（3）在煤层埋深和松散层厚度都较大的条件下，煤层开采的地表下沉系数较大，具体关系如图 2.3 所示。

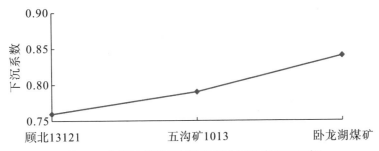

图 2.3　埋深和松散层厚度均较大时地表下沉系数

表 2.11　国内单煤层开采地表下沉规律的实例

序号	工作面	采高/m	埋深/m	倾角/°	覆岩岩性	地表下沉量实测
1	补连塔 12406	4.81	200	1～3	地表松散层厚度 3～30 m，基岩厚度 148～200 m	最大下沉量 2.459 m，下沉系数 0.55
2	韩家湾 2304	4.50	135	1～3	地表松散层平均厚度 65 m，基岩平均厚度 70 m	最大下沉量 2.520 m，下沉系数 0.56
3	张家峁 15201	6.30	90～220	1～3	松散层平均厚度 50 m，基岩平均厚度 70 m	最大下沉量 4.250，下沉系数 0.67
4	神东某矿 31305	4.90	100～190	1～5	松散层厚度 0.6 m，基岩约 170 m	最大下沉量 3.600 m，下沉系数 0.71
5	神东某矿 1 号面	3.40	120	1～5	地表松散层厚度 7.00～26.47 m，平均 15 m	最大下沉量 2.494 m，下沉系数 0.73
6	三道沟 85201	6.60	219	1	地表黄土层平均厚度 65 m，基岩层厚度 80～180 m	最大下沉量 4.860 m，下沉系数 0.74
7	杭来湾 30101	9.17	116—268	0.5	基岩平均厚度 150 m，松散层平均厚度 80 m	最大下沉量 2.546 m，下沉系数 0.79
8	云驾岭 12305	4.20	570	17	松散层平均厚度 120 m，基岩平均厚度 450 m	充分采动角 61°～70°
9	郭庄 2309	6.10	340～440	14	地表黄土层平均厚度 46.7 m	最大下沉量 3.086 m，下沉系数 0.52，裂缝宽度 10～30 mm
10	红岭 1501	6.70	412	6.7	地表松散层平均厚度 100 m	最大下沉量 2.546 m，下沉系数 0.38
11	南屯 3下煤	3.40	391～592	6	—	最大下沉量 1.934 m，下沉系数 0.57
12	成庄 5310	5.75	361～563	6	—	最大下沉量 3.300 m，下沉系数 0.58，煤柱边界裂缝 0.1～0.6 m

续表

序号	工作面	采高/m	埋深/m	倾角/°	覆岩岩性	地表下沉量实测
13	王庄 8101	6.30	380	9	地表黄土层厚度达 122.35 m	最大下沉量 4.440 m, 下沉系数 0.71, 裂缝宽度 0.02～0.35mm
14	赵固 11011	3.50	589	4	松散层平均厚度 440 m	最大下沉量 2.377 m, 下沉系数 0.68
15	顾北 13121	3.30	500	5	地表松散层厚度达 439.7 m	最大下沉量 2.510 m, 下沉系数 0.76, 切眼裂缝宽 0.03～0.05 m
16	五沟矿 1013	3.10	385	10	地表松散层厚度约 270 m	最大下沉量 2.408 m, 下沉系数 0.79
17	卧龙湖煤矿	2.40	492	9.5	地表松散层厚度约 230 m	最大下沉量 2.018 m, 下沉系数 0.84

2.3.2 煤层群开采的地表下沉规律

煤层群开采的地表下沉规律的实例见表 2.12[175-181]（开采实例矿井序号 1～4 属浅埋煤层群开采）。

表 2.12 国内煤层群下煤层开采的地表下沉规律的实例

序号	矿井	煤层/工作面	采高/m	埋深/m	倾角/°	层间距/m	覆岩岩性	下煤层开采地表下沉规律
1	柠条塔	1-2煤 N1106	1.72	35～114	1～3	39	基岩厚度 30～50 m, 土层厚 0～64 m	覆岩无采空区: 最大下沉量 5.012 m, 下沉系数 0.85, 最大下沉速度 357 mm/天。覆岩有采空区: 最大下沉量 5.15 m, 下沉系数 0.88, 最大下沉速度 422 mm/天
		2-2煤 N1200	5.87	67～151				
2	柠条塔	1-2煤 N1114	1.85	64～156	1～3	35	基岩厚度 54～66 m, 土层厚 10～90 m	1-2煤开采: 最大下沉量 1.2 m, 最大下沉速度 653 mm/天, 下沉系数 0.65。2-2煤开采: 最大下沉量 4.33 m, 最大下沉速度 273 mm/天, 下沉系数 0.74。煤柱叠置: 地表沉降落差 4.62 m; 煤柱错距 65 m 时沉降落差 3.2 m
		2-2煤 N1206	5.90	83～205				

序号	矿井	煤层/工作面	采高/m	埋深/m	倾角/°	层间距/m	覆岩岩性	下煤层开采地表下沉规律
3	大柳塔	1⁻²煤 12208	6.00	—	1~3	32.6~39.2	地表黄土层厚度约 15 m	走向地表最大下沉量 2.833 m，最大下沉速度 606 mm/天，下沉系数 0.78。倾向地表最大下沉量 2.700 m，上煤柱区地表下沉量 2.250 m，下煤柱对应地表下沉量 1.500 m
		2⁻²煤 22201	3.65	75				
4	大柳塔	2⁻²煤 22306	4.50	90	1~3	155.6~164.7	地表黄土层厚度约 50 m	下沉系数 0.68，倾向地表最大下沉量 4.250 m，上煤柱区下沉量 3.600 m，下煤柱区地表下沉量约 0.800 m
		5⁻²煤 52304	6.45	250				
5	凤凰山 154309	9#煤	2.00	172	1~9	28	地表黄土层厚度 14 m	地表最大下沉量 2.021 m，下沉系数 0.96。地裂缝间距 4~20m，宽 0.003~0.15m
		15#煤 154309	2.13	200				
6	布尔台	2⁻²煤 22104	3.20	347.1	4~9	43~73	基岩厚 224~372 m，松散层厚 7.8~26.0 m	放顶煤开采采放比 1：0.81。4⁻²煤开采地表最大下沉量 2.778 m，覆岩与地表下沉速度快，地表下沉系数 0.69
		4⁻²煤 42105	6.60	426.3				
7	象山矿	3#煤 21306	1.70	507	2	77	基岩平均厚 539 m，松散层厚度 45 m	21306 工作面开采下沉系数 0.80，21505 工作面开采下沉系数 0.87
		5#煤 21505	2.20	584				

1. 重复采动的下沉系数

煤层群下煤层重复采动的下沉系数如图 2.4 所示。煤层群下煤层重复采动与顶部单一煤层开采相比，地表下沉移动加剧，下沉系数增大，一般大于 0.70。例如，在 1 号矿井中，柠条塔 2⁻²煤单一煤层开采的下沉系数比采空区下重复采动的下沉系数大；在 2 号矿井中，1⁻²煤单一煤层开采的下沉系数为 0.65，2⁻²煤重复采动的下沉系数为 0.74。此外，由于上煤层覆岩属于二次扰动下沉，下煤层开采后，覆岩产生迅速下沉移动，因此，下煤层重复开采的地表下沉速度也比单一煤层开采要大。

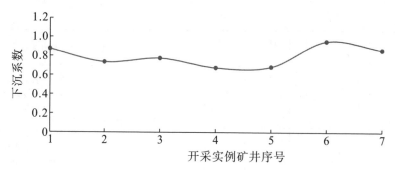

图 2.4　煤层群下煤层重复采动的下沉系数

2. 层间距对下沉系数的影响

结合开采实例矿井 1、2、4，在浅埋煤层重复开采下煤层采高相差不大的前提下，分析层间距对下沉系数的影响，二者的变化关系如图 2.5 所示。当层间距较小时，下煤层开采的下沉系数较大；当层间距较大时，下沉系数较小。同样，开采实例矿井 3、5 在层间距较小的条件下，下沉系数分别达到 0.78 和 0.96。可见，层间距、采高等对煤层群重复开采的地表下沉移动影响显著。

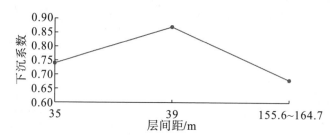

图 2.5　开采实例矿井 1、2 和 4 层间距与下沉系数的变化关系

3. 煤柱布置与地表沉降之间的关系

根据表 2.12 可以得到地表沉降落差、下煤层采高比与煤柱错距之间的关系，如图 2.6 所示。柠条塔矿 1^{-2} 煤与 2^{-2} 煤开采，煤柱叠置时的沉降落差与下煤层采高比明显大于煤柱错距 65 m 时的情况，其对应地表的不均匀沉降程度大；而大柳塔煤层群开采，在煤柱错距都较大的情况下，沉降落差与下煤层采高之比都较小（小于 0.6）。可见，在上下煤层煤柱错距增大到一定程度时，可以减缓地表的不均匀沉降，有利于煤层开采减损。

由上述分析可知，煤柱对于地表沉降起控制作用。那么，在浅埋近距离煤层开采的条件下，如何科学留设煤柱，达到减缓地表不均匀沉降的目的，实现绿色减损开采，将在后面章节进行讨论。

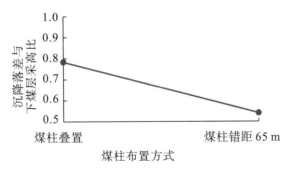

（a）柠条塔矿 1^{-2} 煤与 2^{-2} 煤开采

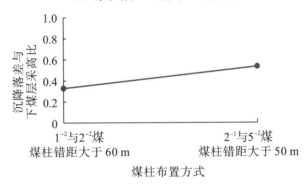

（b）大柳塔矿煤层群开采

图 2.6　地表沉降落差、下煤层采高比与煤柱错距之间的关系

2.4　近距离煤层开采地裂缝发育特征与规律

2.4.1　单一煤层开采地裂缝发育特征与规律

国内单一煤层开采地裂缝实测工程实例见表 2.13[182-187]，可以得到以下结论：

（1）工作面边界的裂缝呈"O"形圈分布，区段煤柱侧地裂缝呈弧形，指向工作面内部，以拉伸裂缝为主。

（2）在地表覆盖有厚土层的条件下，区段煤柱侧地裂缝的裂缝角较大，一般为 $70°$。

（3）地裂缝可以分为平行于工作面的动态裂缝和工作面边界的裂缝。根据

表 2.13 中实测，动态裂缝能够在开采结束后自动愈合，而工作面边界的裂缝则不能够愈合。尤其是在多工作面开采的条件下，平行于两顺槽的地裂缝（区段煤柱侧地裂缝）发育严重，开采结束后仍大面积存在，需通过科学研究加以控制。本书就是基于浅埋近距离煤层开采条件，通过研究区段煤柱的科学留设，控制位移场与裂隙场，缓减地表的不均匀沉降，减轻地裂缝（主要指区段煤柱侧地裂缝）的发育程度，从而实现地表减损。

表 2.13 地裂缝发育规律的实例

序号	工作面	采高/m	埋深/m	覆岩岩性	地裂缝发育规律实测
1	哈拉沟 22407	5.39	平均 136.4	基岩平均厚度 88.9 m，松散层厚度平均 42 m	区段煤柱侧地裂缝呈弧形状，指向工作面内部，不能自动修复；动态裂缝具有自修复现象
2	补连塔 12406	4.81	160~220	基岩厚度 148~200 m，松散层厚度为 3~30 m	边界裂缝呈"O"形圈分布，主要分布在工作面内部距边界 40 m 范围，裂缝带宽 46~50 m
3	补连塔 51101	5.20	平均 146	松散层厚度 10~30.8 m	地裂缝呈"O"形圈分布，边界裂缝呈弧形状
4	亭南矿 4#煤	11.05	324~498	区内黄土广泛堆积	煤层倾角 0°~5°，工作面两侧裂缝边界角 70°~76°
5	团柏矿 10#煤	2.62	310~372	——	煤层倾角 5°，工作面两侧裂缝边界角 71°~76°
6	陈家山 4^{-2}煤	10.30	约 200	区内基岩裸露	煤层倾角 5°~7°，工作面两侧裂缝边界角 70°~86°
7	东坡矿 5^{-2}煤	煤厚 4~8	约 262	基岩面上方为砾石层（河床）	煤层倾角 0°~6°，工作面两侧裂缝边界角约 77°
8	大柳塔 ①12208 ②22201 ③52304	7.35 3.95 6.96	40.4 72.5 235	(1) 松散层：7.2 m。基岩：33.2 m。(2) 松散层：12 m。基岩：60.5 m。(3) 松散层：30 m。基岩：205 m	平行于工作面的动态裂缝在沉陷稳定后可愈合，而区段煤柱侧的边界裂缝不可愈合
9	串草圪旦 4104 6106 6104	3.5 12.7 12.8	80.7 105.8 117.4	(1) 松散层：36.6 m。基岩：40.6 m。(2) 松散层：13.7 m。基岩：92.1m。(3) 松散层：23.5 m。基岩：81.1 m	(1) 动态裂缝超前工作面 10.7 m，裂缝间距 11.8~22.4 m，平均 17.1 m。(2) 动态裂缝超前工作面 3.6 m，裂缝间距 8.1~14.7 m，平均 11.7 m。(3) 动态裂缝超前工作面 11.8 m，裂缝间距 12.7~23.8 m，平均 17.5 m

序号	工作面	采高/m	埋深/m	覆岩岩性	地裂缝发育规律实测
10	张家峁 15201	6.3	90～220	松散层平均厚度 50 m，基岩厚度平均 70 m	最外侧区段煤柱地裂缝位于顺槽外侧 20～25 m，沿走向延伸 280 m
11	北八特 9 煤 15♯ 16♯		40～200	—	单一煤层开采：地裂缝宽度 0.1～0.5 m，裂缝长度均大于 0.5 m，最长达 100 m。9 煤与 15♯ 和 16♯ 采空区叠置区域，地表塌陷最严重

2.4.2 近距离煤层开采地裂缝发育特征与规律

煤层群重复采动的地裂缝发育规律见表 2.14[176-180]。由表中数据分析可知，煤层群重复采动，地裂缝发育与顶部单一煤层开采相比明显加剧；且上下煤层的煤柱错距与区段煤柱侧地裂缝发育程度密切相关。柠条塔煤矿 1^{-2} 煤和 2^{-2} 煤开采、大柳塔煤矿 2^{-2} 煤和 5^{-2} 煤开采，不同煤柱错距的区段煤柱侧地裂缝宽度变化规律如图 2.7 所示。

表 2.14 煤层群重复采动的地裂缝发育规律的实例

序号	矿井	工作面	采高/m	埋深/m	倾角/°	层间距/m	覆岩岩性	下煤层开采地裂缝发育实测
1	柠条塔	1^{-2}煤 N1114	1.85	64～156	1～3	35	基岩厚度 54～66 m，土层厚 10～90 m	N1114 工作面开采区段煤柱侧地裂缝宽度最大达 0.3 m；N1206 工作面开采，当煤柱错距小于 10 m 时，地裂缝宽度最大达 1.5 m；煤柱错距大于 40 m 后，地裂缝宽度减小为 0.4 m
		2^{-2}煤 N1206	5.90	83～205				
2	大柳塔	2^{-2}煤 22306	4.50	90	1～3	155.6～164.7	地表黄土层厚度约 50 m	两工作面斜交，重复采动上下煤层叠置区地裂缝发育严重，地表塌陷槽宽达 2 m，落差最大 1 m；下煤柱处于上煤层采空区下方时，地裂缝宽度一般小于 0.15 m
		5^{-2}煤 52304	6.45	250				
3	大柳塔	1^{-2}煤 12208	6.00	—	1～3	32.6～39.2	地表黄土层厚度约 15 m	22201 工作面煤柱布置在上煤层采空区下方，裂缝破坏程度比实例 2 中 52304 工作面小得多
		2^{-2}煤 22201	3.65	75				

续表

序号	矿井	工作面	采高/m	埋深/m	倾角/°	层间距/m	覆岩岩性	下煤层开采地裂缝发育实测
4	象山矿	3#煤 21306 21307	1.90	—	2	20	松散层平均厚度不超过45 m,基岩平均厚度539 m	3#煤开采地裂缝宽0.01~0.03 m,落差为0.010~0.025 m;5#煤开采后顺槽侧永久裂缝宽度0.5~1.0 m,落差为0.5~2.5 m
		5#煤 21505	2.20	450~600				

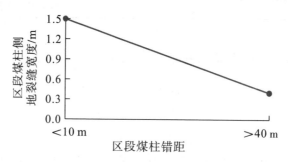

（a）柠条塔矿 1^{-2} 煤与 2^{-2} 煤开采

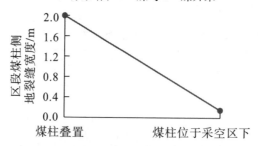

（b）大柳塔矿 2^{-2} 煤与 5^{-2} 煤开采

图2.7　不同煤柱错距的区段煤柱侧地裂缝宽度变化规律

此外,大柳塔煤矿22201工作面区段煤柱布置在上煤层采空区下方时,区段煤柱侧地裂缝不严重。可见,上下煤柱叠置会加剧区段煤柱侧地裂缝的发育,当煤柱错距增大到一定距离时,可以有效减轻区段煤柱侧地裂缝的发育程度。区段煤柱侧地裂缝在开采后大范围存在,因此,有必要深入研究煤柱错距对地裂缝的控制机理,以实现浅埋近距煤层绿色开采。

3 浅埋近距煤层开采覆岩应力分布与传递规律

基于第 2 章统计分析，本章采用物理相似模拟、数值计算与理论分析相结合的方法，揭示了浅埋顶部单一煤层开采覆岩应力分布特征，建构了煤柱底板应力计算模型，呈现了集中应力在垂直方向和水平方向的传递规律。通过分析下煤层开采，煤柱布置方式与下煤柱集中应力之间的关系，得到了有利于下煤层安全开采的区段煤柱合理布置方式。

3.1 工程背景与物理相似模拟实验设计

3.1.1 典型矿区工程研究背景

研究区上部煤层覆岩主要由松散层和基岩层组成，松散层主要为土层。柠条塔煤矿北翼东区赋存主采煤层 3 层，分别为 1^{-2} 煤层、2^{-2} 煤层和 3^{-1} 煤层，矿井目前开采 1^{-2} 煤层和 2^{-2} 煤层，采用长壁综合机械化技术开采，3^{-1} 煤层规划后期开采。1^{-2} 煤层平均厚度 1.84 m，2^{-2} 煤层平均厚度 5.00 m，两煤层平均间距为 35 m，区段煤柱宽度均为 20 m。根据 NBK26 号钻孔数据，1^{-2} 煤层埋藏深度为 178.5 m，基岩厚度 81.9 m，松散土层厚度 94.7 m，煤系地层物理力学参数见表 2.8。

矿井多煤层的地层结构简单，近水平、埋藏浅、薄基岩、厚松散层，属于典型浅埋近距离煤层开采，柠条塔煤矿北翼东区工作面布置如图 3.1 所示。

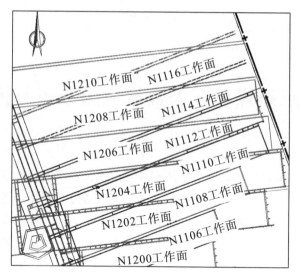

图 3.1　柠条塔煤矿北翼东区工作面布置

3.1.2　相似模拟模型的建构

以柠条塔煤矿北翼东区浅埋近距离煤层开采为背景开展研究，该区域开采 1^{-2} 煤层和 2^{-2} 煤层，根据 NBK26 号钻孔数据建构物理相似模拟模型，采用 1∶200 的相似比，模型尺寸为 5 m（长）×0.2 m（宽）×1.35 m（高），原型与模型的相似比常数如下（p—原型，m—模型）：

几何相似条件：$\alpha_l = \dfrac{l_m}{l_p} = \dfrac{1}{200}$；重力相似条件：$\alpha_\gamma = \dfrac{\gamma_m}{\gamma_p} = \dfrac{2}{3}$；

重力加速度相似条件：$\alpha_g = \dfrac{g_m}{g_p} = \dfrac{1}{1}$；

时间相似条件：$\alpha_t = \dfrac{t_m}{t_p} = \sqrt{\alpha_l} = 0.0707$；

位移相似条件：$\alpha_s = \alpha_l = \dfrac{1}{200}$；内摩擦角相似条件：$\alpha_\varphi = \dfrac{R_m}{R_p} = \dfrac{1}{1}$；

强度、弹模、黏结力相似条件：$\alpha_R = \alpha_E = \alpha_C = \alpha_l \alpha_\gamma = \dfrac{1}{300}$；

作用力相似条件：$\alpha_f = \dfrac{f_m}{f_p} = \alpha_g \alpha_\gamma \alpha_l^3 = 8.3 \times 10^{-8}$。

实验模型采用河沙为骨料，石膏、大白粉为胶结材料，根据参考文献 [190]，确定了地表土层的模拟材料及其配比，物理相似模拟的材料配比见表 3.1。

表 3.1　物理相似模拟的材料配比

岩性	材料配比/配比号	耗材/kg			
		沙	石膏	大白粉	粉煤灰
红土	沙：土：油＝4.5：4.5：1	沙（341.28）：土（341.28）：硅油（75.84）			
砂质泥岩	928	106.56	2.37	9.47	—
粉砂岩	937	155.52	5.18	12.10	—
中粒砂岩	828	204.50	5.09	20.45	—
粉砂岩	937	48.96	1.63	3.81	—
中粒砂岩	828	71.00	1.80	7.10	—
1^{-2}煤	20：1：5：20	5.65	0.28	1.41	5.65
细粒砂岩	837	66.80	2.50	5.84	—
粉砂岩	937	27.36	0.91	2.13	—
细粒砂岩	837	42.60	1.59	3.72	—
粉砂岩	937	7.20	0.24	0.56	—
细粒砂岩	837	93.80	3.50	8.19	—
2^{-2}煤	20：1：5：20	13.00	0.65	3.25	13.00
粉砂岩	937	25.90	0.86	2.02	—
细粒砂岩	837	62.50	2.35	5.48	—
粉砂岩	937	17.30	0.58	1.34	—
细粒砂岩	837	83.80	3.13	7.32	—
中粒砂岩	828	49.70	1.25	4.97	—
粉砂岩	937	24.50	0.82	1.90	—
3^{-1}煤	20：1：5：20	7.91	0.39	1.97	7.91
细粒砂岩	837	15.60	0.59	1.37	—

3.1.3　应力－位移－裂缝监测方法

为实现对采动覆岩应力、位移和裂隙的有效监测，实验监测系统分为三大部分：应力监测部分、位移监测部分以及覆岩裂隙与地裂缝监测部分，物理相似模拟模型的实验监测如图 3.2 所示。所采用的部分实验仪器如图 3.3 所示。

（a）实验监测

红土

基岩

边界煤柱　1-1工作面　煤柱　1-2工作面　煤柱　1-3工作面　煤柱　1-4工作面

1⁻²煤　　　测区1　　　测区2　　　测区3

2⁻²煤　　　　　　　　测区4

3⁻¹煤　　　　　　　　测区5

（b）模型素描

图 3.2　物理相似模拟模型的实验监测

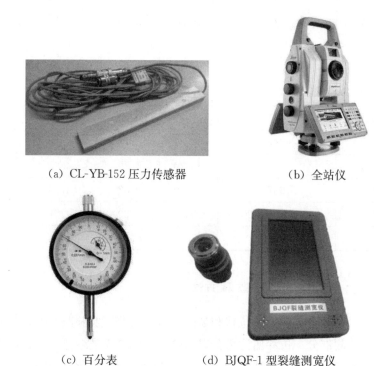

（a）CL-YB-152 压力传感器　　　　（b）全站仪

（c）百分表　　　　（d）BJQF-1 型裂缝测宽仪

图 3.3　部分实验仪器

1. 应力监测部分

应力监测分为以下几个区域：

（1）测区1（测区3）：1^{-2}煤层开采后，监测其工作面中部的应力分布规律及其范围；

（2）测区2：1^{-2}煤层开采后，监测区段煤柱的集中应力；

（3）测区4：监测2^{-2}煤层的应力分布规律，包括1^{-2}煤层开采后对其应力分布的影响，以及重复采动覆岩应力演化规律；

（4）测区5：监测3^{-1}煤层的应力分布规律。

2. 位移监测部分

在模型表面布置6条测线，通过全站仪观测采动影响下的覆岩垂直位移，在模型顶部设置百分表观测地表下沉量的大小。测线的位置如下：

（1）基岩与土层交界面布置测线1；

（2）1^{-2}煤层上20 cm布置测线2（1^{-2}煤关键层）；

（3）1^{-2}煤层上4 cm布置测线3（1^{-2}煤直接顶）；

（4）2^{-2}煤层上15 cm布置测线4（2^{-2}煤老顶）；

（5）2^{-2}煤层上6 cm布置测线5（2^{-2}煤直接顶）；

（6）3^{-1}煤层上10 cm布置测线6（3^{-1}煤关键层）。

3. 覆岩裂隙与地裂缝监测部分

采用BJQF-1型裂缝测宽仪配合照相机来监测因煤层开采引起的覆岩与地表裂缝，通过照相机记录覆岩裂隙与地裂缝的演化形态，以及测宽仪实现对裂隙宽度的定量监测。

3.2 单一煤层开采覆岩应力分布与集中应力传递规律

3.2.1 单一煤层开采的覆岩应力分布规律

1. 集中应力分布及其传递规律的物理模拟

1^{-2}煤层开采后，根据测区1-4监测的数据，得到1^{-2}煤层与2^{-2}煤层工作面应力分布规律如图 3.4 所示。分析可知，1^{-2} 煤层开采后，区段煤柱形成应力集中，最大集中应力达 20.56 MPa，垂直应力向两侧逐渐减小；此外，由于工作面中部垮落压实，因此工作面中部 45 m 范围内的垂直应力相对其他位置也较高，约为 3 MPa，略小于原岩应力。

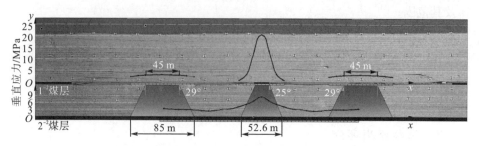

图 3.4　1^{-2} 煤层与 2^{-2} 煤层工作面应力分布规律

受 1^{-2} 煤层采动后底板应力传递的影响，2^{-2} 煤层的垂直应力重新分布，根据实验，1^{-2} 煤层煤柱正下方的垂直应力最大，为 8.61 MPa，向两侧逐渐减小，距 1^{-2} 煤层煤柱中心水平距离 26.3 m 时，2^{-2} 煤层的垂直应力为 4.5 MPa，基本等于原岩应力大小，若煤柱底板应力传递近似按线性处理，则煤柱底板应力传递角约为 25°，因此，2^{-2} 煤层受 1^{-2} 煤层煤柱影响的高应力区范围为 52.6 m。1^{-2} 煤层工作面中部应力传递角为 29°，2^{-2} 煤层受其影响范围为 85 m（图 3.4）。

2. 应力场分布规律的数值计算

煤层开动引起的围岩应力场变化是导致岩层变形和产生裂隙的根源，本章采用 $FLAC^{3D}$ 计算单一煤层开采的应力场分布规律。构建模型长×宽×高＝1410 m×500 m×263 m，1^{-2} 煤层可开挖 4 个工作面，工作面宽 245 m，区段煤柱宽度 20 m，模拟推进 300 m，边界预留 100 m。

1^{-2} 煤层开采后应力场分布规律如图 3.5 所示，煤柱处产生应力集中，最大集中应力达 21 MPa，集中应力传递角约 25°，集中应力随底板深度的增加呈递减趋势，初始时应力降低较快，随深度继续增加应力减小逐渐减慢。

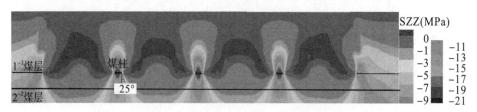

图 3.5　1^{-2} 煤层开采应力场分布规律

3.2.2 煤柱底板应力计算模型与集中应力传递规律

顶部单一煤层开采后，区段煤柱产生应力集中并向下传递，引起底板岩层应力状态改变，在一定层间距范围内，对下煤层开采区段煤柱的集中应力具有明显影响。上煤层区段煤柱两侧岩层沿一定破断角破断回转，形成应力减小的三角区，此时底板受煤柱载荷的作用看成是半平面体在边界上受分布力，煤柱底板应力计算模型如图 3.6 所示。

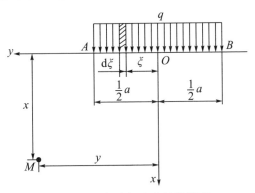

图 3.6 煤柱底板应力计算模型

以煤柱底面中心 O 为原点建立坐标系，忽略煤柱的自重（因其远小于其上承受的载荷），q 为覆岩施加到煤柱上的均布荷载，a 为上煤柱宽度，点 M 为区段煤柱下底板任意一点，坐标为 (x, y)，在 AB 段上距坐标原点 O 为 ξ 处取微小长度 $\mathrm{d}\xi$，其上所受的微小集中应力为 $q\mathrm{d}\xi$，则点 M 与微小集中应力的垂直及水平距离分别为 x 及 $y-\xi$。此时，微小集力在点 M 引起的应力为[189]：

$$\mathrm{d}\sigma_x = \frac{2q\mathrm{d}\xi}{\pi} \frac{x^3}{\left[x^2 + (y-\xi)^2\right]^2}$$

$$\mathrm{d}\sigma_y = \frac{2q\mathrm{d}\xi}{\pi} \frac{x(y-\xi)^2}{\left[x^2 + (y-\xi)^2\right]^2}$$

$$\mathrm{d}\tau_{xy} = \frac{2q\mathrm{d}\xi}{\pi} \frac{x^2(y-\xi)}{\left[x^2 + (y-\xi)^2\right]^2}$$

积分可得煤柱在均布荷载 q 的作用下对点 M 产生的应力为：

$$\sigma_x = \frac{2q}{\pi}\int_{-\frac{1}{2}a}^{\frac{1}{2}a} \frac{x^3\mathrm{d}\xi}{\left[x^2+(y-\xi)^2\right]^2} = \frac{q}{\pi}\left[\arctan\frac{y+\frac{1}{2}a}{x} - \arctan\frac{y-\frac{1}{2}a}{x} + \right.$$

$$\left. \frac{x\left(y+\frac{1}{2}a\right)}{x^2+\left(y+\frac{1}{2}a\right)^2} - \frac{x\left(y-\frac{1}{2}a\right)}{x^2+\left(y-\frac{1}{2}a\right)^2}\right]$$

$$(3.1)$$

$$\sigma_y = \frac{2q}{\pi}\int_{-\frac{1}{2}a}^{\frac{1}{2}a} \frac{x(y-\xi)^2 \,\mathrm{d}\xi}{[x^2+(y-\xi)^2]^2} = \frac{q}{\pi}\left[\arctan\frac{y+\frac{1}{2}a}{x} - \arctan\frac{y-\frac{1}{2}a}{x} - \right.$$

$$\left. \frac{x\left(y+\frac{1}{2}a\right)}{x^2+\left(y+\frac{1}{2}a\right)^2} + \frac{x\left(y-\frac{1}{2}a\right)}{x^2+\left(y-\frac{1}{2}a\right)^2}\right] \tag{3.2}$$

$$\tau_{xy} = \frac{2q}{\pi}\int_{-\frac{1}{2}a}^{\frac{1}{2}a} \frac{x^2(y-\xi)\,\mathrm{d}\xi}{[x^2+(y-\xi)^2]^2} = \frac{q}{\pi}\left[\frac{x^2}{x^2+\left(y+\frac{1}{2}a\right)^2} - \frac{x^2}{x^2+\left(y-\frac{1}{2}a\right)^2}\right]$$

$$\tag{3.3}$$

由式（3.1）~式（3.3）可知，若已知底板岩层中一点 M 相对区段煤柱的位置（点 M 坐标），以及覆岩施加到煤柱上的均布荷载 q，即可求解得该点的应力值。为确定均布荷载 q，建构煤柱承受荷载计算模型如图 3.7，根据 A. H. 威尔逊理论[190]，其承受的荷载为：

$$P = \gamma_1 H_1 a + \gamma_2 H_2 a + 2\left[\gamma_1 \frac{1}{2} H_1 H_1 \cot\alpha_1 + \gamma_2 \frac{1}{2} H_2 (H_1 \cot\alpha_1 + \right.$$

$$\left. H_1 \cot\alpha_1 + H_2 \cot\alpha_2)\right]$$

$$= \gamma_1 H_1 (a + H_1 \cot\alpha_1) + \gamma_2 H_2 (a + 2H_1 \cot\alpha_1 + H_2 \cot\alpha_2) \tag{3.4}$$

式中，P 为煤柱承受的荷载，kN/m；a 为上煤层区段煤柱宽度，m；H_1 为基岩厚度，m；γ_1 为基岩平均容重，kN/m³；H_2 为土层厚度，m；γ_2 为土层平均容重，kN/m³；α_1 为基岩破断角，°；α_2 为土层破断角，°。

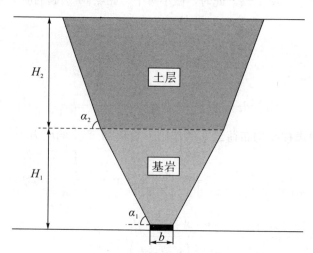

图 3.7 煤柱承受荷载计算模型

故均布荷载 q 为：

$$q = \frac{P}{a} = \frac{\gamma_1 H_1(a + H_1\cot\alpha_1) + \gamma_2 H_2(a + 2H_1\cot\alpha_1 + H_2\cot\alpha_2)}{a}$$

$$(3.5)$$

结合柠条塔煤矿北翼东区 NBK26 号钻孔数据与物理模拟的结果（图 3.8），1^{-2} 煤层开采后，基岩与土层破断角分别取 $60°$ 和 $65°$，选取的计算参数如下：$\alpha_1 = 60°$，$\alpha_2 = 65°$，$a = 20$ m，$\gamma_1 = 24$ kN/m³，$H_1 = 81.9$m，$\gamma_2 = 19$ kN/m³，$H_2 = 94.7$ m，代入式（3.5）求解得 $q = 21$ MPa，将以上参数代入式（3.1）和式（3.2），计算可得区段煤柱在均布荷载作用下底板不同深度垂直应力及水平应力的大小，其分布规律如图 3.9 所示。

分析可知，柠条塔煤矿 1^{-2} 煤层开采条件下，区段煤柱底板垂直应力分布规律如下：

（1）距煤柱中心水平距离 10 m（煤柱宽度正下方）范围内，随着煤柱下底板深度增加，底板受煤柱集中应力影响程度逐渐减弱，垂直应力呈降速减小趋势。

（2）距煤柱中心水平距离 10 m 以外，底板垂直应力受煤柱集中应力影响程度减小，距煤柱中心水平距离大于 20 m 后，随着煤柱下底板深度增加，垂直应力呈增大趋势，但并不明显，这是由于原岩应力增大造成的。

（3）随着煤柱下底板深度的增加，垂直应力分布曲线变得平缓，且大小趋于原岩应力（4.60 MPa 左右）。

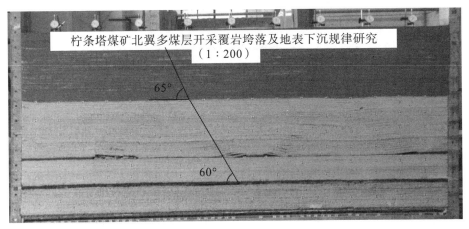

柠条塔煤矿北翼多煤层开采覆岩垮落及地表下沉规律研究
（1 : 200）

65°

60°

图 3.8　1^{-2} 煤层开采的物理模拟

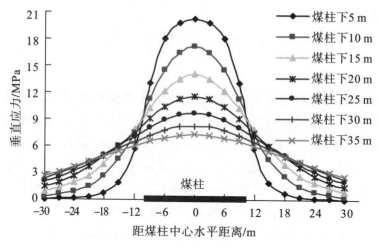

（a）垂直应力分布规律

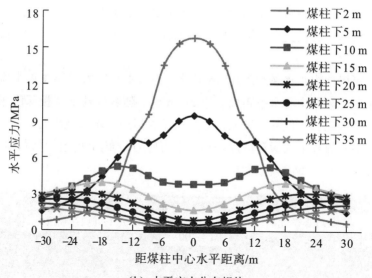

（b）水平应力分布规律

图 3.9　煤柱底板应力分布规律

区段煤柱下底板水平应力分布规律如下：

（1）随煤柱下底板深度的增加，水平应力分布曲线由开始的一个峰值，逐渐演化为两个峰值，且峰值应力位置向煤柱两端扩散。

（2）煤柱下底板深度大于 15 m 后，底板水平应力峰值较小，且变化不大。

3.3 近距离下煤层开采应力演化规律

3.3.1 下煤柱垂直应力分布规律

根据模拟实验，对煤柱叠置、错距 10 m、20 m、40 m、50 m 和 60 m 时的情况进行素描，以距下煤层区段煤柱中心的水平距离为横坐标，绘制重复采动后下煤层的垂直应力分布曲线。由此可掌握不同区段煤柱布置方式的下煤层应力分布规律，重点是掌握下煤柱的集中应力变化规律。

由图 3.10 可知，当煤柱叠置时，下煤柱垂直集中应力最大，达 24.97 MPa（煤柱中心处），为应力集中区；工作面采空区方向垂直应力明显减小(1.30～3.00 MPa)，小于原岩应力（4.60 MPa），为应力降低区；距下煤柱中心水平距离大于 110 m 后，受两煤层采空区工作面中部压实叠加作用的影响，该区域的垂直应力又有所增加，略大于原岩应力，约为 5.00 MPa，为工作面中部增压区。因此，煤柱叠置时的垂直应力分布曲线落差最大，最不均匀，下煤柱集中应力大，不利于下煤层巷道的矿压控制与安全开采。

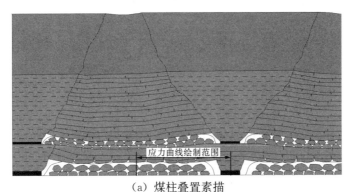

（a）煤柱叠置素描

（b）煤柱叠置时下煤层垂直应力分布

图 3.10　煤柱叠置的下煤层垂直应力分布规律

随着两煤层煤柱错距增大，下煤柱最大集中应力减小，当错距为 10 m 时，最大垂直应力为 20.16 MPa，由图 3.11（a）可知，此时上煤柱仍处于下煤柱的支撑结构区内，上下煤柱集中应力仍处于叠加状态。当煤柱错距 20 m 时，下煤柱最大集中应力为 19.34 MPa，与煤柱叠置和错距 10 m 时相比减小。

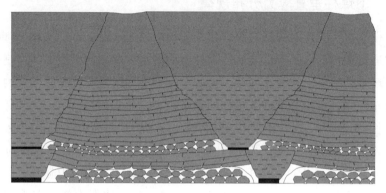

（a）煤柱错距 10 m 素描

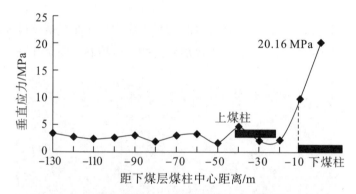

（b）煤柱错距 10 m 下煤层垂直应力分布

图 3.11　煤柱错距 10 m 的下煤层垂直应力分布规律

当煤柱错距为 40 m 时，由图 3.12 可知，上煤柱完全沉降，但下煤柱并不受上煤柱集中应力传递的影响，此时下煤柱最大垂直应力为 18.53 MPa；受上煤柱集中应力影响区的垂直应力一般为 5.00 MPa。此时，下煤柱的最大垂直应力相对较小，有利于下煤层巷道的布置与支护。当煤柱错距为 50 m 时，下煤柱的最大垂直应力为 18.79 MPa。

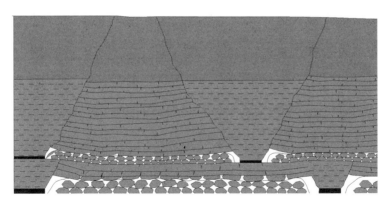

（a）煤柱错距 40 m 素描

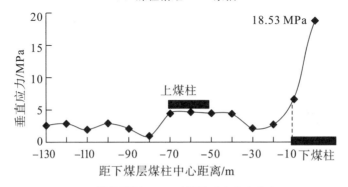

（b）煤柱错距 40 m 下煤层垂直应力分布

图 3.12　煤柱错距 40 m 的垂直应力分布规律

　　煤柱错距 60 m 的垂直应力分布规律如图 3.13 所示。此时，下煤柱逐渐进入上煤层采空区中部应力增高区，因此，最大垂直应力又有所增大，为 20.27 MPa。同样不利于下煤层巷道的布置。

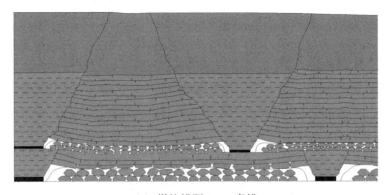

（a）煤柱错距 60 m 素描

图 3.13　煤柱错距 60 m 的垂直应力分布规律

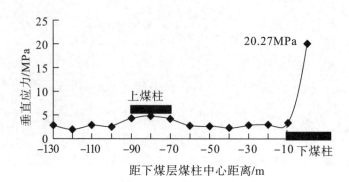

（b）煤柱错距 60 m 下煤层垂直应力分布

图 3.13（续）

在区段煤柱叠置，错距在 0~90 m 布置条件下，2^{-2} 煤层区段煤柱最大垂直应力随煤柱错距变化规律如图 3.14 所示。

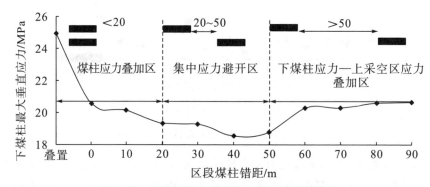

图 3.14　下煤柱最大垂直应力随煤柱错距变化

由图可知，当区段煤柱错距小于 20 m 时，上下煤柱垂直应力叠加，下煤柱集中应力较大；当区段煤柱错距为 20~50 m 时，上下煤柱集中应力场逐渐分离，下煤柱最大垂直应力相对较小，小于 20.00 MPa；当区段煤柱错距大于 50 m 时，最大垂直应力又呈缓慢增加趋势，此时下煤层区段煤柱进入上采空区工作面中部增压区。可见，随着煤柱错距增大，下煤柱垂直应力变化为"大→小→大"，既避开上煤柱传递的集中应力和上采空区工作面中部增压区，又有利于下煤柱减压，物理模拟得到 1^{-2} 煤层与 2^{-2} 煤层减压的煤柱错距为 20~50 m。

3.3.2　不同区段煤柱错距的应力场演化规律

结合 FLAC[3D] 数值计算分析 1^{-2} 煤层与 2^{-2} 煤层不同煤柱错距开采的应力场

演化规律如图 3.15 所示。

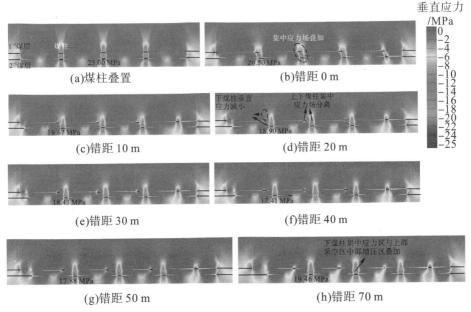

图 3.15　不同区段煤柱错距垂直应力演化规律

当上下煤柱叠置、错距 0 m 时，两煤层煤柱集中应力场叠加，下煤柱最大集中应力达 25.00 MPa（煤柱叠置），不利于下煤层的巷道布置与安全开采；当煤柱错距为 10 m 时，上下煤柱集中应力场开始分离，2^{-2} 煤层煤柱最大集中应力减小为 19.67 MPa。

当煤柱错距为 20～50 m 时，两煤层煤柱集中应力场完全分离，同时，下煤柱垂直应力与上煤层采空区中部增压区的应力不产生叠加，下煤柱集中应力减小，下煤柱最大集中应力为 17.41～18.90 MPa。因此，在该错距区间内，有利于下煤层巷道的布置。

当煤柱错距大于 70 m 时，下煤柱最大集中应力明显增加，这是由于下煤柱逐渐进入上煤层采空区中部压实区，下煤柱集中应力与采空区中部增压区应力叠加导致的结果。

应力场的控制主要是为减小下煤柱垂直应力的大小，根据数值计算，下煤层开采后，其垂直应力分布规律随煤柱错距的变化如图 3.16 所示，下煤柱的最大垂直应力随煤柱错距的变化如图 3.17 所示。

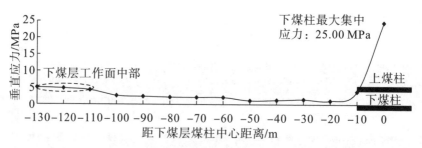

（a）煤柱叠置

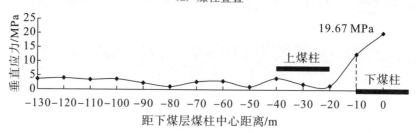

（b）煤柱错距 10 m

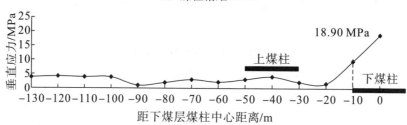

（c）煤柱错距 20 m

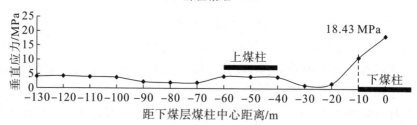

（d）煤柱错距 30 m

图 3.16 浅埋近距离煤层开采不同煤柱错距时的下煤层垂直应力分布曲线

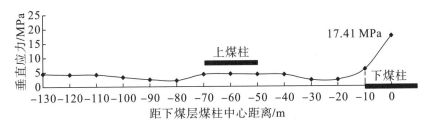

（e）煤柱错距 40 m

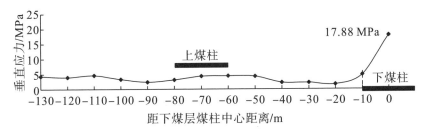

（f）煤柱错距 50 m

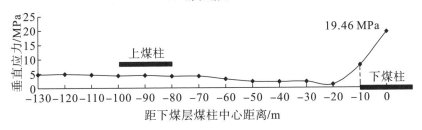

（g）煤柱错距 70 m

图 3.16（续）

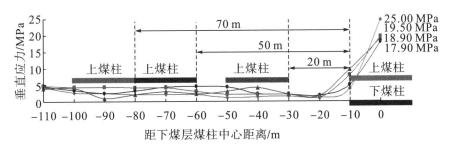

图 3.17 下煤柱最大垂直应力与煤柱错距的关系

根据不同煤柱布置方式的应力场演化规律，以及下煤柱最大集中应力的变化规律，可得以下结论：

（1）当煤柱错距小于 20 m 时，上下煤柱的集中应力场产生叠加，造成下煤柱的集中应力较大，不利于下煤层巷道的支护。

（2）当煤柱错距 20～50 m 时，垂直应力分布曲线相对最为平缓，下煤柱最大集中应力相对较小,有利于下煤层巷道的支护。

(3)由于垮落压实的作用,下煤层工作面中部的垂直应力较大;当煤柱错距 70 m 时,下煤柱的集中应力场与上采空区中部增压区的应力场逐渐叠加,垂直应力略大于下煤层的原岩应力。

以上分析与实测统计所得的规律相符,根据物理模拟和数值计算,当煤柱错距 20~50 m 时,能够减小下煤柱集中应力的大小,有利于下煤层的安全开采。

4 浅埋近距煤层重复采动覆岩与地表移动规律研究

本章将采用物理相似模拟、数值计算与理论分析相结合的方法，揭示浅埋近距煤层开采走向覆岩与地表下沉规律，再结合单一煤层开采倾向覆岩移动规律，揭示厚土层下浅埋薄基岩煤层采场覆岩倾向结构分区及其特征，构建分区下沉力学模型，提出覆岩与地表下沉预计方法。通过分析近距离煤层开采覆岩位移场演化规律与合理煤柱错距，确定地表沉降落差分段，得出在沉降落差稳定段实现减缓地表不均匀沉降的控制原则。

4.1 浅埋近距煤层开采走向覆岩与地表下沉规律

4.1.1 单一煤层开采的覆岩与地表下沉规律

1. 物理相似模拟实验

大柳塔煤矿 $1^{-2上}$ 煤层平均厚度 4.00 m，其下部的 1^{-2} 煤层平均厚度 5.00 m，煤层间距约 21.00 m，$1^{-2上}$ 煤层覆岩松散层厚度 21.79 m，基岩厚度 51.17 m。大柳塔煤矿 $1^{-2上}$ 煤层与 1^{-2} 煤层顶、底板岩性见表 4.1。

表 4.1 大柳塔煤矿 $1^{-2上}$ 煤层与 1^{-2} 煤层顶、底板岩性

岩性	厚度 /m	容重 /（kN·m³）	体积模量 /MPa	内聚力 /MPa	内摩擦角 /°	抗拉强度 /MPa
黄土	21.79	1235	1200	0.016	33	0.3
细粒砂岩	6.03	2600	5600	3.000	28	3.0
粉砂岩	16.86	2400	4500	1.600	25	1.5
细粒砂岩	1.77	2600	5600	3.000	28	37.0

岩性	厚度 /m	容重 / (kN·m³)	体积模量 /MPa	内聚力 /MPa	内摩擦角 /°	抗拉强度 /MPa
粉砂岩	1.50	2400	4500	1.600	25	21.0
细粒砂岩	0.95	2600	5600	3.000	28	26.0
中粒砂岩	4.13	2730	4500	1.800	20	35.0
粗粒砂岩	4.37	2900	6000	1.800	25	32.0
粉砂岩	2.54	2400	4500	1.600	25	32.0
细粒砂岩	3.86	2600	5600	3.000	28	66.0
粉砂岩	1.81	2400	4500	1.600	25	21.0
细粒砂岩	1.79	2600	5600	3.000	28	38.0
粉砂岩	2.33	2400	4500	1.600	25	43.0
细粒砂岩	1.87	2600	5600	3.000	28	21.0
中粒砂岩	1.36	2730	4500	1.800	20	32.0
1^{-2}上煤	4.00	1420	2000	1.000	30	66.0
粉砂岩	6.04	2400	4500	1.600	25	35.0
细粒砂岩	1.40	2600	5600	3.000	28	32.0
中粒砂岩	1.73	2730	4500	1.800	20	24.0
粗粒砂岩	12.14	2900	6000	1.800	25	20.0
1^{-2}煤	5.00	1420	2000	1.000	36	24.0
粉砂岩	6.00	2400	4500	1.600	25	32.0

采用物理相似模拟实验，研究大柳塔煤矿 $1^{-2上}$ 煤层和 1^{-2} 煤层开采的覆岩与地表下沉规律。实验模型尺寸为长×高×宽＝1.50 m×1.09 m×0.20 m，几何相似比为1∶100，相似模拟材料包括河沙、石膏、大白粉、粉煤灰等。

在模型表面布置位移测点，进行采动覆岩下沉观测，测线布置如下：测线 A 位于基岩与土层交界处，测线 B 位于 $1^{-2上}$ 煤层上方 16.7 m 处，测线 C 位于 $1^{-2上}$ 煤层上方 5.2 m 处，测线 D 位于 1^{-2} 煤层上方 17.0 m 处，实验模型与测线布置如图 4.1 所示。模型首先开挖顶部煤层，待其垮落稳定后，开采下部的 1^{-2} 煤层。

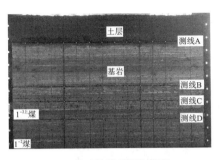
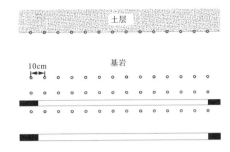

（a）物理相似模拟模型　　　　　　　（b）测线布置

图 4.1　物理相似模拟实验模型和测线布置

2. 3DEC 数值计算

利用数值模拟软件 3DEC 模拟浅埋近距离煤层开采的覆岩与地表下沉规律。建立尺寸为 150 m×109 m×20 m（长×高×宽）的数值计算模型，左右两端留设保护煤柱以消除边界效应。

工作面推进不同距离时的覆岩垮落形态与位移云图如图 4.2 所示。随着工作面不断推进，覆岩由下而上逐层发生垮落，覆岩位移范围也不断扩大，总体呈现工作面中部覆岩与地表下沉量大，向工作面两端逐渐减小的变化规律。

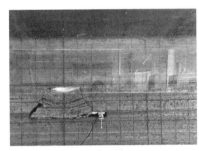

（a）工作面推进 50 m

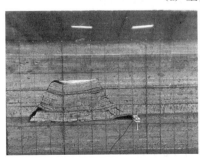

（b）工作面推进 70 m

图 4.2　$1^{-2上}$ 煤层工作面推进不同距离覆岩垮落形态与位移云图

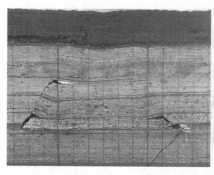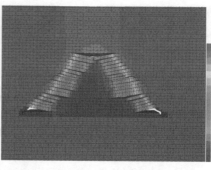

（c）工作面推进 100 m

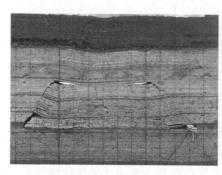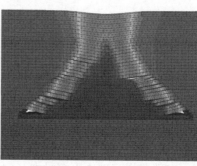

（d）工作面推进 120 m

图 4.2（续）

工作面推进 120 m 时达到充分采动，工作面顶板 30 m 处覆岩和地表下沉曲线如图 4.3 所示。工作面中部覆岩与地表下沉量最大，地表最大下沉量达 3.19 m，下沉系数为 0.79。覆岩离层裂隙主要在基岩中发育，依附于基岩的土层呈整体下沉。

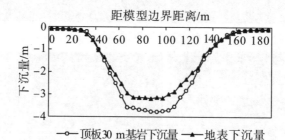

图 4.3 $1^{-2上}$ 煤层工作面充分采动后顶板 30 m 处覆岩与地表下沉曲线

4.1.2 下煤层重复采动的覆岩与地表下沉规律

待上部 $1^{-2上}$ 煤层开采覆岩垮落稳定后，开采其下部的 1^{-2} 煤层，重复采动工作面推进不同距离的覆岩垮落形态与位移云图如图 4.4 所示。随着两煤层之间的间隔岩层完全破断，上下采空区垮通，覆岩发生二次沉降，且随着下煤层推进距离的增大，覆岩下沉量不断增大，比顶部煤层一次采动更为剧烈。

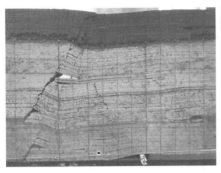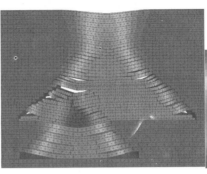

（a）工作面推进 80 m

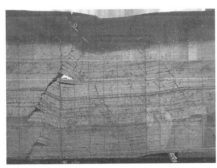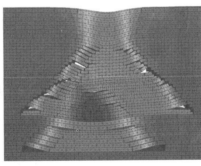

（b）工作面推进 100 m

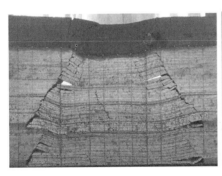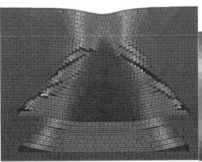

（c）工作面推进 120 m

图 4.4　1^{-2} 煤层工作面推进不同距离覆岩垮落形态与位移云图

工作面推进至 120 m 时达到充分采动，间隔岩层完全破断，基岩与土层下沉加剧，地表形成显著的下沉盆地，此外，因叠加采高较大，煤层埋藏浅，地表开采边界处受集中应力的作用，故有明显的下行裂隙发育。工作面推进120 m时，1^{-2}煤层工作面充分采动后顶板30 m处覆岩与地表下沉曲线如图4.5所示。地表最大下沉量7.62 m，重复采动下沉系数为0.85。与基岩下沉曲线相比，地表下沉曲线相对更为缓和。

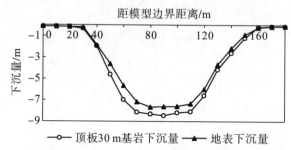

图 4.5 1^{-2}煤层工作面充分采动后顶板 30 m 处覆岩与地表下沉曲线

4.2 单一煤层开采倾向覆岩移动规律与沉陷预计模型

4.2.1 单一煤层开采倾向覆岩与地表下沉规律

1. 物理模拟分析

以柠条塔煤矿1^{-2}煤层和2^{-2}煤层开采为背景开展研究。上部的1^{-2}煤层开采后，覆岩自下而上产生移动下沉，根据布置测线和百分表监测的数据，得到1^{-2}煤层开采的覆岩与地表下沉曲线距模型边界距离/m（图4.6）。由图可以得到以下结论：

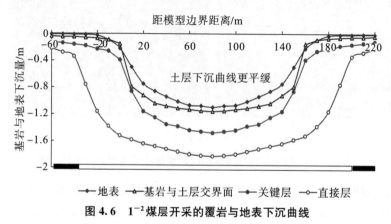

图 4.6 1^{-2}煤层开采的覆岩与地表下沉曲线

（1）与基岩下沉曲线相比，地表土层下沉曲线更为平缓，移动具有连续性。

（2）工作面直接顶的最大下沉值为 1.80 m，地表最大下沉值为 1.10 m，下沉系数为 0.58。

2. 数值计算分析

根据数值计算，由工作面直接顶至地表，覆岩垂直位移呈减小趋势；工作面间为区段煤柱，其对应的覆岩位移及地表下沉量明显减小，而采空区中部对应地表下沉量较大。可见，区段煤柱造成了地表的不均匀沉降，浅埋煤层开采条件下，区段煤柱对地表沉降具有明显影响。

地表最大下沉量为 1.16m，下沉系数为 0.61，与物理模拟得到的结果基本一致。最大下沉量位于 2 个中央采空区的中部。区段煤柱的存在增大了地表的非均匀沉降，地表下沉盆地呈"波状"分布，"波峰"与区段煤柱对应，下沉量较小；"波谷"与工作面采空区中部对应，下沉量较大。

4.2.2 采空区倾向结构分区与沉陷预计力学模型

1. 采空区倾向结构分区

1^{-2}煤层工作面开采后，基于覆岩垮落形态与下沉规律，沿采空区倾向方向可以分为以下三个区域：

（1）边界煤柱区。

物理模拟实验表明，煤层开采后，上行裂隙带主要位于开采边界附近，其发育角度约为 60°（图 4.7），边界煤柱上方的岩层完整性较好，但由于开采边界岩层的回转垮落，以及上覆岩层载荷的作用，边界煤柱区上部岩层在靠近上行裂隙带一侧有挠曲产生。

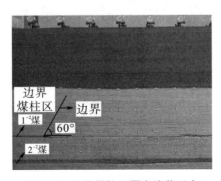

图 4.7　边界煤柱区覆岩垮落形态

（2）梯形采空区。

煤层开采后，沿工作面两侧发育有上行裂隙，采空区基本呈正梯形，如图4.8所示。

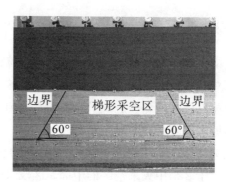

图4.8　梯形采空区覆岩垮落形态

物理模拟实验表明，柠条塔煤矿 1^{-2} 煤层开采条件下，直接顶垮落充填采空区，基岩中的关键层可形成铰接结构，上覆岩层的下沉运动依附于关键层的运动，而土层的下沉规律又取决于基岩与土层交界面下沉盆地的形态。该区总体表现为采空区中部压实区下沉量大，两侧靠近上行裂隙处岩层回转，下沉量较小。

（3）倒梯形煤柱区。

煤层开采后，工作面间留设有大量的区段煤柱，区段煤柱上部支撑覆岩结构呈倒梯形，该区左右边界即为两侧向上发育的上行裂隙，靠近上行裂隙的岩层产生挠曲，如图4.9所示。由于区段煤柱的支撑作用，其对应的覆岩及地表下沉量与梯形采空区相比明显减小，可见，浅埋煤层开采的煤柱群结构是造成地表不均匀沉降的根本原因。

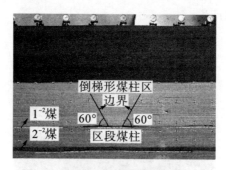

图4.9　倒梯形煤柱区覆岩垮落形态

由物理模拟素描 1^{-2} 煤层开采倾向方向覆岩垮落形态如图4.10。梯形采空区上部的基岩与土层下沉量最大，边界煤柱区与倒梯形煤柱区的下沉量较小，土层的运动取决于基岩与土层交界面下沉盆地的形态，因此，要得到煤层开采后的地表下沉曲线，首先要求解基岩与土层交界面的下沉曲线方程，掌握基岩下沉盆地形态。为实现浅埋煤层开采基岩与土层下沉量的定量分析，必须分区建立沉陷力学模型，针对各区覆岩垮落特征与下沉规律专门研究。

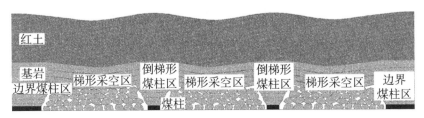

图 4.10　1^{-2} 煤层开采倾向方向覆岩垮落形态

2. 分区沉陷力学模型的建立

煤层开采后，覆岩从下到上发生下沉移动，地表土层的下沉规律是建立在基岩的下沉规律之上，因此，先研究基岩的下沉规律。结合物理相似模拟实验及采空区倾向分区的覆岩垮落形态，建立倾向结构分区力学模型（图 4.11）。图中 h 为关键层与煤层间的岩层厚度，m；α_1 为岩层垮落角，°；B_1 为边界煤柱宽度，m；L 为工作面宽度，m；B 为区段煤柱宽度，m。模型各分区的下沉移动曲线应分别求解。

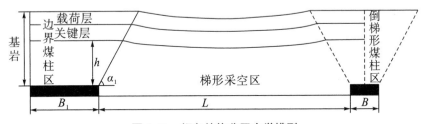

图 4.11　倾向结构分区力学模型

（1）梯形采空区。

煤层开采后，关键层最大下沉量与下部岩层的厚度及煤层采高等有关，最大下沉量位于采空区中部，两侧的下沉量逐渐减小，且呈对称分布，基岩中上覆载荷层的下沉依附于关键层运动，最终在基岩与土层交界面形成"基岩下沉盆地"。

（2）边界煤柱区。

将关键层下的岩层及开采煤层看作垫层，采用 Winkler 弹性地基梁模型可以求解得到关键层在边界煤柱区的挠度曲线微分方程[191-192]，但传统计算模型并未充分考虑岩层垮落角。事实上，岩层垮落角对基岩及土层下沉曲线的预计具有重要影响，必须加以考虑。

（3）倒梯形煤柱区。

该区的弹性地基与边界煤柱区相同，因此也可采用 Winkler 弹性地基梁模型求解，其区别在于两者的分区范围不同，且倒梯形煤柱区的岩层挠度曲线具有对称性。

3. 基岩与土层下沉量曲线

（1）基岩下沉量曲线。

①梯形采空区。以该区域为研究对象，由于覆岩下沉移动规律具有对称性，取区域的一半进行研究即可，因此建立如图 4.12 所示的坐标系。根据关键层下沉曲线特征，许家林、钱鸣高提出了采空区的关键层挠度曲线方程[193]：

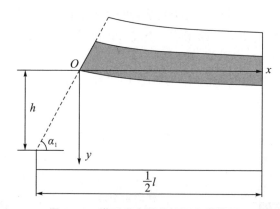

图 4.12　梯形采空区关键层力学模型

$$y_1(x) = y_{\max}\left[1 - \frac{1}{1 + \mathrm{e}^{(x-0.5l)/a}}\right]\left(0 \leqslant x \leqslant \frac{l\tan\alpha_1 - 2h}{2\tan\alpha_1}\right) \quad (4.1)$$

式中，y_1 为梯形采空区关键层的下沉量，m；l 为关键层砌体梁块体的长度，m；a 为与砌体梁块度及煤体刚度有关的系数，m，一般取 $0.25l$；$y_{\max}$ 为关键层下沉稳定后的最大下沉量，m。$y_{\max}$ 由式（4.2）确定：

$$y_{\max} = m - h(K_p - 1) \quad (4.2)$$

式中，m 为上煤层采高，m；K_p 为关键层与煤层间岩层的碎胀系数。

根据式（4.1）和式（4.2），得到梯形采空区的关键层挠度曲线方程：

$$y_1(x) = \left[m - h(K_p - 1)\right]\left[1 - \frac{1}{1 + e^{(x-0.5l)/a}}\right]\left(0 \leqslant x \leqslant \frac{l\tan\alpha_1 - 2h}{2\tan\alpha_1}\right)$$

$$(4.3)$$

由于关键层上覆载荷层的下沉移动依附于关键层，因此，可以确定梯形采空区的基岩下沉量曲线。

②边界煤柱区。边界煤柱区关键层地基梁力学模型如图 4.13 所示，图中 l_b 为边界煤柱区关键层的长度，m；q_1 为关键层上的分布载荷集度，MPa；R_b 为边界煤柱区弹性地基的支撑应力，MPa，并由式（4.4）和式（4.5）确定：

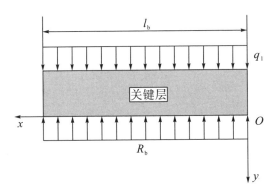

图 4.13　边界煤柱区关键层地基梁力学模型

$$R_b = k_b y_2 \tag{4.4}$$

$$l_b = B_1 + \frac{h}{\tan\alpha_1} \tag{4.5}$$

式中，y_2 为边界煤柱区关键层的下沉量，m；k_b 为边界煤柱区 Winkler 地基系数，与弹性地基的厚度及力学性质有关，$k_b = \dfrac{E_0}{h_0}$。其中，E_0 为地基的弹性模量，MPa；h_0 为地基厚度，m。

关键层的宽度取单位宽度 1，由平衡原理，得到关键层的挠度曲线微分方程为：

$$E_1 I_1 \frac{\mathrm{d}^4 y_2}{\mathrm{d}x^4} = q_1 - R_b \; (0 \leqslant x \leqslant l_b) \tag{4.6}$$

式中，$E_1 I_1$ 为关键层的截面抗弯刚度，N·m²。

根据式（4.4）和式（4.6），得到：

$$\frac{\mathrm{d}^4 y_2}{\mathrm{d}x^4} + \left(\frac{k_b}{4E_1 I_1}\right)4 y_2 = \frac{q_1}{E_1 I_1}$$

令 $\beta_b = \sqrt[4]{\dfrac{k_b}{4E_1 I_1}}$，$\beta_b$ 为地基特征系数，可得边界煤柱区关键层的挠度曲线表达式如下：

$$y_2(x) = e^{\beta_b x}(J\cos\beta_b x + K\sin\beta_b x) + e^{-\beta_b x}(U\cos\beta_b x + V\sin\beta_b x) + \frac{q_1}{k_b}$$

因距离工作面边界较远处，关键层的挠度趋近于 0，故 $J = K = 0$，则有

$$y_2(x) = e^{-\beta_b x}(U\cos\beta_b x + V\sin\beta_b x) + \frac{q_1}{k_b} \quad (0 \leqslant x \leqslant l_b) \tag{4.7}$$

根据边界煤柱区与梯形采空区的关系，边界煤柱区上部关键层的挠度曲线方程的边界条件为：

$$\begin{cases} y_1 = y_2(x = 0) \\ y_1' = -y_2'(x = 0) \end{cases} \tag{4.8}$$

根据式（4.1）、式（4.7）、式（4.8）解得：

$$\begin{cases} U = \dfrac{y_{\max}}{e^2 + 1} - \dfrac{q_1}{k_b} \\ V = \dfrac{y_{\max}}{e^2 + 1} - \dfrac{q_1}{k_b} + \dfrac{e^2 y_{\max}}{a\beta_b(e^2 + 1)^2} \end{cases} \tag{4.9}$$

根据式（4.7）和式（4.9），得到边界煤柱区的关键层挠度曲线方程为：

$$y_2(x) = e^{-\beta_b x}\left\{ \left(\frac{y_{\max}}{e^2 + 1} - \frac{q_1}{k_b} \right)\cos\beta_b x + \right.$$

$$\left. \left[\frac{y_{\max}}{e^2 + 1} - \frac{q_1}{k_b} + \frac{e^2 y_{\max}}{a\beta_b(e^2 + 1)^2} \right]\sin\beta_b x \right\} + \frac{q_1}{k_b} \quad (0 \leqslant x \leqslant l_b) \tag{4.10}$$

③倒梯形煤柱区。该区域覆岩下沉曲线具有对称性，故取一半进行分析，建构倒梯形煤柱区关键层弹性地基力学模型如图 4.14 所示，图中 l_q 为倒梯形煤柱区关键层一半的长度，m；R_q 为倒梯形煤柱区弹性地基的支撑应力，MPa，分别由式（4.11）和式（4.12）确定：

$$R_q = k_q y_3 \tag{4.11}$$

$$l_q = \frac{B}{2} + \frac{h}{\tan\alpha_1} \tag{4.12}$$

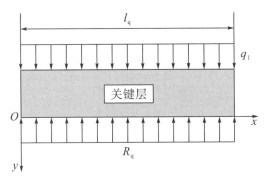

图 4.14 倒梯形煤柱区关键层弹性地基力学模型

式中，y_3 为倒梯形煤柱区关键层的下沉量，m；k_q 为倒梯形煤柱区 Winkler 地基系数，因边界煤柱区和倒梯形煤柱区的弹性地基相同，故 $k_q = k_b = \dfrac{E_0}{h_0}$。

根据边界煤柱区的分析，可得倒梯形煤柱区上部关键层的挠度曲线方程为：

$$y(x) = \mathrm{e}^{-\beta_b x}(U\cos\beta_b x + V\sin\beta_b x) + \frac{q_1}{k_q} \quad (0 \leqslant x \leqslant l_q) \tag{4.13}$$

$$\begin{cases} U = \dfrac{y_{\max}}{\mathrm{e}^2 + 1} - \dfrac{q_1}{k_q} \\[3mm] V = \dfrac{y_{\max}}{\mathrm{e}^2 + 1} - \dfrac{q_1}{k_q} + \dfrac{\mathrm{e}^2 y_{\max}}{a\beta_b\,(\mathrm{e}^2 + 1)^2} \end{cases} \tag{4.14}$$

因此，倒梯形煤柱区的关键层挠度曲线方程为：

$$y(x) = \mathrm{e}^{-\beta_b x}\left\{\left(\frac{y_{\max}}{\mathrm{e}^2 + 1} - \frac{q_1}{k_q}\right)\cos\beta_b x + \right.$$

$$\left.\left[\frac{y_{\max}}{\mathrm{e}^2 + 1} - \frac{q_1}{k_q} + \frac{\mathrm{e}^2 y_{\max}}{a\beta_b\,(\mathrm{e}^2 + 1)^2}\right]\sin\beta_b x\right\} + \frac{q_1}{k_q} \quad (0 \leqslant x \leqslant l_q) \tag{4.15}$$

（2）土层下沉量曲线。

煤层开采后，基岩的挠曲下沉自下而上传递，土层与基岩属于两种不同的介质类型，移动规律存在差异，开采首先在基岩与土层交界面形成"基岩下沉盆地"，土层的下沉规律应建立在交界面下沉量曲线方程的基础上。目前，关于松散土层下沉的预计，随机介质理论应用最为广泛，并被大多数学者认可[194-197]。根据随机介质理论的概率积分法，可以得到地表土层下沉量的曲线方程为：

$$y_0(x) = \frac{y(x)}{2}\left[\mathrm{erf}\left(\frac{\sqrt{\pi}}{r}x\right) + 1\right] \tag{4.16}$$

式中，$y_0(x)$ 为地表下沉量，m；r 为土层影响半径，m；$y(x)$ 为基岩与土层交界面下沉量，m。$y(x)$ 可由式（4.17）确定：

$$\begin{cases} y(x) = y_1(x) \\ y(x) = y_2(x) \\ y(x) = y_3(x) \end{cases} \quad (4.17)$$

概率积分函数 $\mathrm{erf}\left(\dfrac{\sqrt{\pi}}{r}x\right)$ 的值可由概率积分表查得。

4. 力学模型验证

基于柠条塔煤矿 1^{-2} 煤层开采条件，$m=2.0$ m，$l=12$ m，$h=6$ m，$K_p=1.15$，$L=245$ m，$\alpha_1=60°$，$E_0=2500$ MPa，$h_0=8$ m，$E_1 I_1=164.6$ GN·m^2，$B=20$ m，$q_1=4$ MPa，根据式（4.3）、式（4.10）和式（4.15），计算得到理论模型所确定的基岩下沉量曲线；同时，根据模拟实验所布设的测点，得到基岩下沉曲线（图 4.15）。可见，理论计算结果与实验布设测线所得的结果基本吻合。

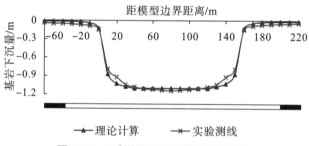

图 4.15　1^{-2} 煤层开采后基岩下沉曲线

1^{-2} 煤层埋深 $H=176.6$ m，主要影响角的正切值 $\tan\beta=1.8$，则土层影响半径 $r=H/\tan\beta=98.1$ m，结合式（4.16）可求解得到土层下沉量曲线；根据模拟实验布设的百分表，得到 1^{-2} 煤层开采后地表土层下沉量曲线（图 4.16）。可见，理论计算所得结果与实验百分表监测的数据基本一致。

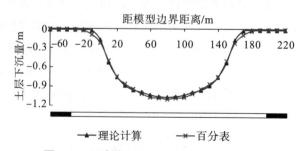

图 4.16　1^{-2} 煤层开采后地表土层下沉曲线

4.2.3 覆岩下沉的影响因素分析

根据前文的分析，地表土层的下沉规律建立在基岩与土层交界面下沉规律的基础上，因而下面将重点分析单一煤层开采的基岩下沉量的影响因素。

1. 梯形采空区基岩下沉量曲线的影响因素

根据理论模型确定的基岩下沉曲线方程，梯形采空区基岩下沉量主要与采高 m、关键层与煤层间的岩层厚度 h、碎胀系数 K_p、关键层砌体梁块体的长度 l 等参数有关；而边界煤柱区和倒梯形煤柱区的基岩下沉量不仅与上述参数有关，还与弹性地基的弹性模量 E_0、关键层的截面抗弯刚度 $E_1 I_1$ 及关键层上的分布载荷集度 q_1 有关，故需结合矿井实际条件具体分析。

根据柠条塔煤矿 1^{-2} 煤层开采条件，各参数选取如下：$l = 10 \sim 16$ m，$m = 1.8 \sim 2.5$ m，$h = 6$ m，$K_p = 1.15$，$L = 245$ m，$\alpha_1 = 60°$。

（1）当采高 m 为 2.0 m，l 分别取 10 m、12 m、14 m 和 16 m 时，梯形采空区基岩下沉量曲线与 l 的变化规律如图 4.17 所示，分析可知：

①区域边界点的下沉量不随 l 的变化而变化。

②在距梯形采空区边界 30 m 范围内，随关键层砌体梁块体的长度 l 增大，基岩下沉量有所减小，但并不明显。

③在距边界 30 m 范围外，基岩基本已达到充分下沉，下沉量不再随 l 的增大而变化。

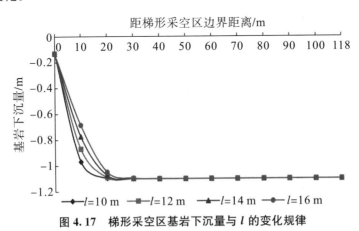

图 4.17　梯形采空区基岩下沉量与 l 的变化规律

（2）当 l 为 12 m，采高 m 分别取 1.8 m、2.0 m、2.2 m 和 2.5 m 时，梯形采空区基岩下沉量与 m 的变化规律如图 4.18 所示，分析可知：

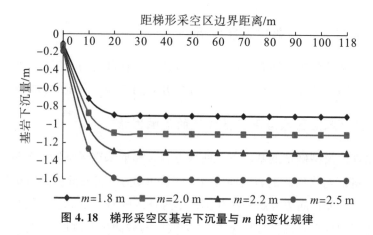

图 4.18 梯形采空区基岩下沉量与 m 的变化规律

①区域边界点处的下沉量随 m 的增大而增大。

②随着采高 m 增大，基岩下沉量明显增大，在距梯形采空区边界 30 m 处，下沉量基本达最大值。

综上所述，基岩下沉量主要与煤层采高有关，在距梯形采空区边界 20 m 范围内，随着采高增大，基岩下沉量增幅明显。

2. 边界煤柱区基岩下沉量曲线的影响因素

边界煤柱区与倒梯形煤柱区的下沉量曲线方程相同，只是区域范围不同，因此只研究边界煤柱区基岩下沉量的影响因素。根据式（4.10），基岩下沉量主要与 m、h、K_p、E_0、$E_1 I_1$、q_1 等变量有关，取 $E_0 = 2500$ MPa，$h = 6$ m，$h_0 = 8$ m，$E_1 I_1 = 164.6$ GN $\cdot$ m^2，$l = 12$ m，$K_p = 1.15$，$\alpha_1 = 60°$，$B = 20$ m，重点分析采高 m 与关键层上的分布载荷 q_1 对基岩下沉量的影响。

（1）当采高 m 为 2.0 m，q_1 分别取 2 MPa、4 MPa、6 MPa、8 MPa 时，边界煤柱区基岩下沉量与 q_1 的变化规律如图 4.19 所示，分析可知：

①随着距区域边界距离的增加，基岩下沉量呈降速减小趋势。

②关键层上的分布载荷 q_1 越大，基岩下沉量越大，下沉曲线越平缓。

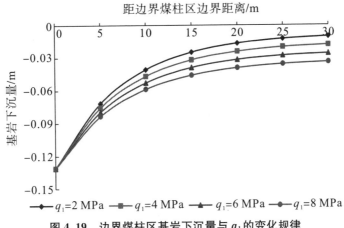

图 4.19 边界煤柱区基岩下沉量与 q_1 的变化规律

（2）当 q_1 取 4 MPa，采高 m 分别取 1.8 m、2.0 m、2.2 m 和 2.5 m 时，边界煤柱区基岩下沉量与 m 的变化规律如图 4.20 所示，分析可知：

①在距煤柱边界 15 m 范围内，随着采高增大，基岩下沉量增加明显，且越靠近煤柱边界，下沉量增幅越快。

②在距煤柱边界 15 m 范围外，采高变化对基岩下沉量影响较小，且趋近于 0。

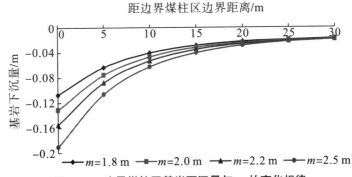

图 4.20 边界煤柱区基岩下沉量与 m 的变化规律

综上分析，边界煤柱区基岩下沉量与采高及关键层上分布载荷有关。采高决定了该区边界下沉量的大小，而关键层上的分布载荷主要影响基岩下沉量降幅的快慢。

4.3 近距离煤层开采覆岩位移场演化规律与合理煤柱错距

4.3.1 不同煤柱错距的地表下沉曲线分析

通过物理模拟实验研究上下煤层区段煤柱不同布置情况，揭示位移场演化规律，得到减缓地表不均匀沉降的最佳煤柱错距。

分析不同煤柱布置方式时的两煤层层间关键层、基岩与土层交界面和地表的下沉量。煤柱叠置的覆岩与地表下沉曲线如图 4.21（a）所示，地表最大下沉量为 4.95 m，位于工作面中部，顶部 1^{-2} 煤层开采的地表下沉量为 1.10 m，因此重复采动下沉增量为 3.85 m，2^{-2} 煤层开采的下沉系数为 0.77，比单一煤层开采的下沉系数大，这也与理论上的统计分析结果一致。然而，两煤层区段煤柱支撑结构区域上方对应地表下沉量最小，同时，地表呈现明显的不均匀沉降，这正是由区段煤柱上部支撑结构叠加所致 [图 4.21（b）]。

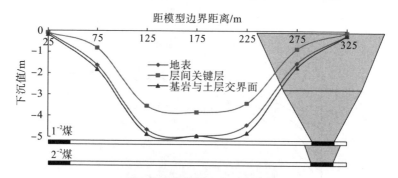

（a）煤柱叠置的地表下沉曲线

（b）煤柱叠置的物理模拟

图 4.21 煤柱叠置的地表下沉与覆岩结构

煤柱错距 0 m 和 10 m 时的覆岩与地表下沉曲线如图 4.22 所示，地表最大下沉量达 4.95 m，位于工作面中部上方，2^{-2} 煤层开采下沉系数为 0.77，两煤层区段煤柱支撑结构区上方对应地表下沉量最小，煤柱结构区对应地表下沉量约 0.80～0.85 m，此时地表不均匀沉降程度仍然较大，表明上下煤柱所支撑的覆岩结构仍处于叠加状态，如图 4.23 所示。

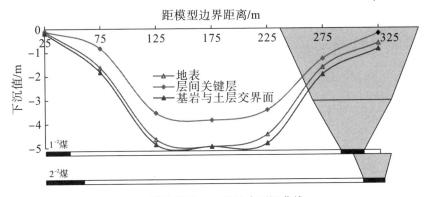

（a）煤柱错距 0 m 的地表下沉曲线

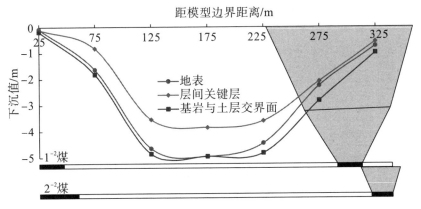

（b）煤柱错距 10 m 的地表下沉曲线

图 4.22　煤柱错距 0 m 和 10 m 的地表下沉曲线

（a）煤柱错距 0 m 的物理模拟

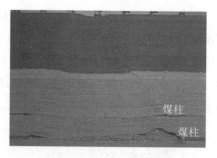

（b）煤柱错距 10 m 的物理模拟

图 4.23　煤柱错距 0 m 和 10 m 的覆岩结构

　　煤柱错距 20 m 和 30 m 的覆岩与地表下沉曲线如图 4.24 所示，地表最大下沉量为 4.95 m，位于工作面中部上方，两煤层区段煤柱间的间隔岩层已发生破断（图 4.25），上煤柱逐渐回转沉降，所支撑的覆岩结构也随之沉降，但仍受到层间岩层的支撑作用，上煤柱及其支撑覆岩结构未充分下沉，煤柱结构区对应地表的下沉量分别约为 1.2 m 和 1.5 m。

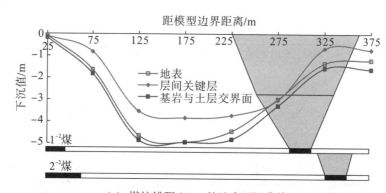

（a）煤柱错距 20 m 的地表下沉曲线

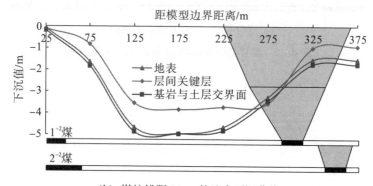

（b）煤柱错距 30 m 的地表下沉曲线

图 4.24　煤柱错距 20 m 和 30 m 的地表下沉曲线

（a）煤柱错距 20 m 的物理模拟   （b）煤柱错距 30 m 的物理模拟

图 4.25　煤柱错距 20 m 和 30 m 的覆岩结构

煤柱错距 40 m 和 50 m 的覆岩与地表下沉曲线如图 4.26 所示，此时，上煤层区段煤柱沿切落带切落（图 4.27），对应地表下沉量明显增加，上下煤柱结构分离，错距 40 m 和 50 m 时煤柱结构区对应地表下沉量约 1.85 m。煤柱错距大于 40 m 后，煤柱结构区对应地表下沉量变化不大，即上煤柱及其支撑覆岩结构基本已充分下沉。

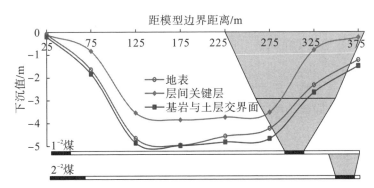

（a）煤柱错距 40 m 的地表下沉曲线

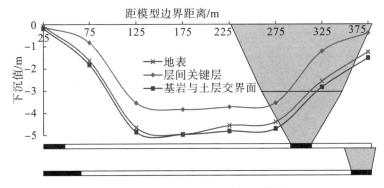

（b）煤柱错距 50 m 的地表下沉曲线

图 4.26　煤柱错距 40 m 和 50 m 的地表下沉曲线

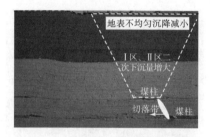
（a）煤柱错距 40 m 的物理模拟

（b）煤柱错距 50 m 的物理模拟

图 4.27　煤柱错距 40 m 和 50 m 的覆岩结构

4.3.2　不同煤柱错距的地表沉降落差分段

减缓地表的不均匀沉降是位移场控制的关键，减小地表的沉降落差有利于减缓地表的不均匀沉降，实现地表减损。因此，确定了不同煤柱错距的地表沉降落差分段，可得不同煤柱错距的地表下沉曲线和沉降落差（图 4.28 和图 4.29），分段及其特征具体如下：

（1）沉降落差极值段：煤柱错距小于 10 m 布置，地表的沉降落差最大，达 4.15 m，从地表下沉曲线可以看出地表不均匀沉降程度最大，最不利于减损开采。

（2）沉降落差减小段：煤柱错距 10～40 m 布置，随着煤柱错距的增大，两煤层区段煤柱间隔岩层逐渐破断，上煤柱逐渐发生回转沉降，地表的沉降落差近似呈线性减小，仍不利于减损开采。

（3）沉降落差稳定段：煤柱错距大于 40 m 布置，地表沉降落差约 3.00 m，且随着煤柱错距的增大趋于稳定，最大限度地减小了煤层群开采造成的地表不均匀沉降，该段对煤层群的减损开采最有利。因此，位移场控制的合理煤柱错距应处于沉降落差稳定段范围。

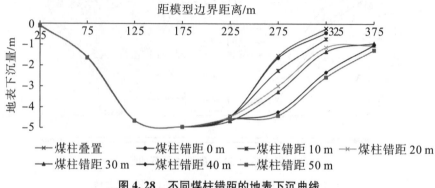

图 4.28　不同煤柱错距的地表下沉曲线

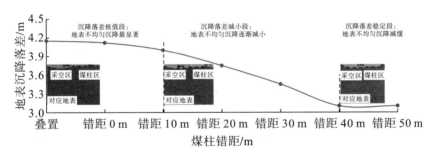

图 4.29 不同煤柱错距的地表沉降落差及其分段

根据上述不同煤柱布置的地表下沉曲线和覆岩结构（图 4.21～图 4.28），以及地表沉降落差及其分段（图 4.29）可以得到以下结论：

（1）区段煤柱对应地表下沉量较小，而工作面中部对应地表下沉量最大。易知，区段煤柱对地表沉降具有控制作用，确定合理的煤柱布置方式能够减缓地表的不均匀沉降，实现位移场的控制。

（2）当区段煤柱叠置或煤柱错距小于 10 m 时，上下煤柱结构叠加，地表呈明显的不均匀沉降。当煤柱错距大于 20 m 时，两煤层区段煤柱间的间隔岩层逐渐破断，同时，1^{-2}煤层煤柱发生回转与沉降，因此煤柱对应地表下沉量增大，此时上煤柱结构仍受到间隔岩层倾斜离层段的支撑作用。当煤柱错距大于 40 m 时，1^{-2}煤层煤柱整体沉降，上煤柱结构区对应地表下沉量超过 3 m，地表沉降落差明显减小；同时，上下煤柱结构分离，地表下沉曲线随煤柱错距增加变化不明显。

在沉降落差稳定段内，上煤层区段煤柱对应覆岩二次下沉量明显增大，地表沉降落差最小，且沉降落差比较稳定，基本不再随煤柱错距的增大而变化。因此，合理的煤柱错距应使下煤柱处于沉降落差稳定段内。

4.3.3　不同煤柱错距的位移场演化规律

根据 UDEC 数值计算，1^{-2} 和 2^{-2} 煤层开采不同煤柱错距的位移场演化规律如图 4.30，图中央的部分表示位移量的大小（越密集，表示覆岩下沉越大）。可以得到以下结论：

（1）采空区中部覆岩位移较大，而区段煤柱覆岩位移较小。整体而言，随着区段煤柱错距增大，采空区与区段煤柱覆岩位移逐渐趋于均匀化。

（2）两煤层区段煤柱叠置时覆岩位移不均匀程度最大 ［图 4.30（a）］。当煤柱错距小于 10 m 时，上煤层区段煤柱处于下煤层区段煤柱的支撑结构范围内，未完全沉降。因此，煤柱结构区对应覆岩位移相对较小，而采空区覆岩位移较大，故覆岩位移不均匀程度较大 [图 4.30 (b)、图 4.30 (c)]。

（3）当区段煤柱错距大于 40 m 时，上煤层区段煤柱基本完全沉降，覆岩耦合分区中Ⅰ区、Ⅱ区的二次下沉量增大。因此，采空区与区段煤柱覆岩位移趋于均匀化，地表沉降不均匀程度明显减小 [图 4.30 (d) ～ (f)]。

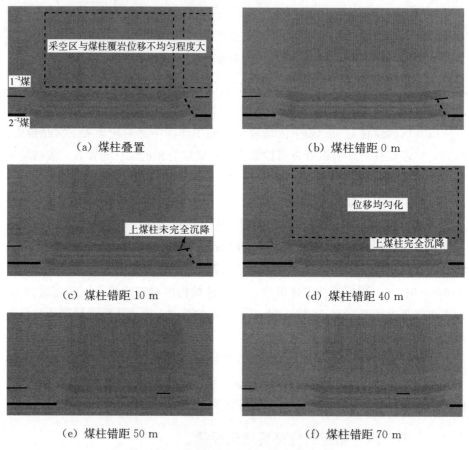

（a）煤柱叠置

（b）煤柱错距 0 m

（c）煤柱错距 10 m

（d）煤柱错距 40 m

（e）煤柱错距 50 m

（f）煤柱错距 70 m

图 4.30　不同煤柱错距的位移场演化规律

2^{-2} 煤层开采后，煤柱叠置、错距 0～40 m 布置的覆岩与地表下沉曲线如图 4.31 所示。在煤层群开采条件下，基岩与土层交界面的最大下沉量与地表最大下沉量的相差不大，易知，"基岩下沉盆地"对上覆土层及地表的移动下沉仍然具有控制作用。

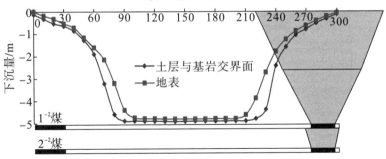

（a）煤柱叠置

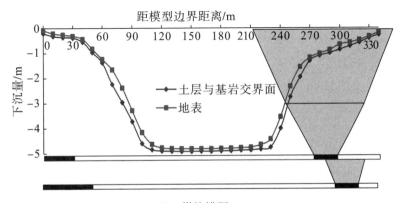

（b）煤柱错距 0 m

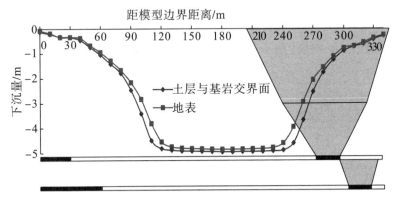

（c）煤柱错距 10 m

图 4.31　不同煤柱错距的覆岩与地表下沉曲线

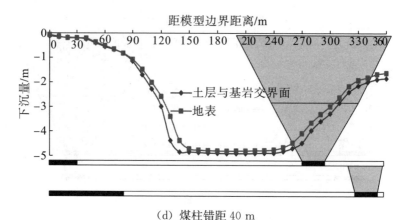

(d) 煤柱错距 40 m

图 4.31（续）

当煤柱叠置时，地表"波状"起伏最大，最大下沉量为 4.80 m，下沉系数为 0.70，土层与基岩交界面最大下沉量为 4.92 m。采空区中部对应地表下沉量最大，两煤柱叠置位置对应地表下沉量最小，约为 0.80 m。当煤柱错距 0 m 和 10 m 时，煤柱结构区对应地表下沉量分别为 0.80 m 和 0.85 m。易知，当煤柱错距小于 10 m 时，上煤柱处于下煤柱的支撑结构范围内，地表沉降不均匀程度大。当煤柱错距大于 10 m 时，煤柱结构区对应地表下沉量逐渐增大。当煤柱错距 40 m 时，煤柱结构区对应地表下沉量为 1.90 m，表明上煤柱与下煤柱的覆岩支撑结构分离，上煤柱基本完全沉降，大大减缓了地表的不均匀沉降。

根据数值计算得到的不同煤柱错距的地表沉降落差如图 4.32 所示，可得以下结论：

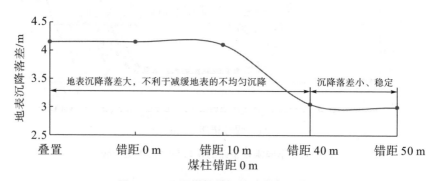

图 4.32 不同煤柱错距的地表沉降落差

（1）当煤柱错距小于 10 m 时，地表沉降落差最大，为 4.10～4.15 m。

（2）当煤柱错距 40 m 时，地表沉降落差明显减小（3.10 m）。此后，随煤柱错距增大，沉降落差趋于稳定。因此，减缓地表沉降不均匀的煤柱错距应大于 40m，这与物理模拟的结果基本一致。

　　根据物理模拟、数值计算和实测得到的 2^{-2} 煤层重复开采后的地表下沉系数见表 4.2，易知，三者得到的下沉系数基本一致，研究方法可靠。

表 4.2　三种研究方法所得下沉系数对比

研究方法	下煤层重复开采厚度/m	地表最大下沉量/m	下煤层开采的下沉系数
物理模拟	5.0	3.85	0.77
数值计算	5.0	3.80	0.76
实测	5.9	4.33	0.74

5 浅埋近距煤层开采覆岩裂隙
与地表裂缝演化规律

本章采用物理模拟、数值计算与理论分析相结合的方法，揭示浅埋单一煤层开采、近距煤层重复采动的走向裂隙演化规律，又基于混合型裂纹扩展理论的覆岩裂隙发育机理，提出近距离煤层重复采动覆岩裂隙分形维数发展的四个阶段。同时，针对浅埋近距煤层开采基于煤柱错距的倾向裂隙场演化规律，提出覆岩裂隙与地裂缝的分类，以揭示区段煤柱错距对可控裂隙（缝）的控制作用。

5.1 浅埋近距煤层开采覆岩裂隙走向发育规律

5.1.1 顶部煤层开采覆岩裂隙走向发育规律

以大柳塔煤矿近距离 $1^{-2上}$ 煤层与 1^{-2} 煤层开采为背景展开分析，当 $1^{-2上}$ 煤层工作面推进 46 m 时，老顶初次破断，顶部离层高度为 3.5 m，离层宽度 26 m，开切眼侧和工作面侧覆岩垮落角分别为 55°和 58°，如图 5.1 所示。

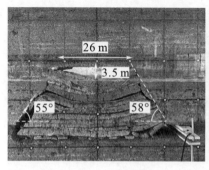

图 5.1　$1^{-2上}$煤层开采老顶初次垮落

当工作面推进 54 m 时，老顶初次周期破断，裂隙带发育高度达到

20.5 m，顶部离层高度为 3.2 m，离层宽度为 31.8 m。当工作面推进 64 m、76 m 时，工作面周期性破断的覆岩裂隙发育如图 5.2 所示。

当工作面推进 120 m 时，工作面达到充分采动，覆岩裂隙发育也贯通地表，又由于覆岩下沉导致地表土层受拉，地表处产生自上而下发育的下行裂隙。基岩垮落角约 55°～60°，土层垮落角相对较大，约 65°，如图 5.2（d）所示。

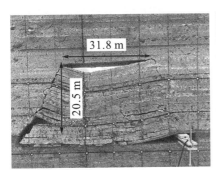
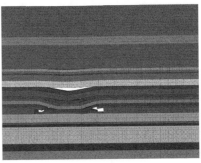

（a）工作面推进 54 m 覆岩裂隙发育

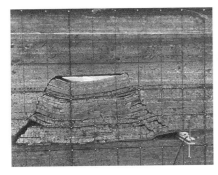
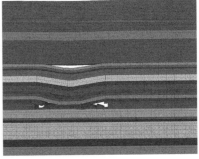

（b）工作面推进 64 m 覆岩裂隙发育

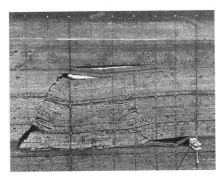
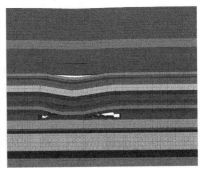

（c）工作面推进 76 m 覆岩裂隙发育

图 5.2　1$^{-2上}$煤层开采老顶周期性垮落的覆岩裂隙发育

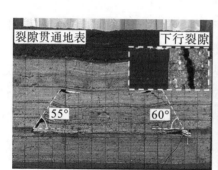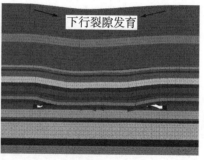

（d）工作面推进 120 m 覆岩裂隙发育

图 5.2（续）

$1^{-2上}$煤层开采覆岩裂隙发育高度与工作面推进距离关系如图 5.3 所示，分为非充分采动和充分采动两个阶段，两个阶段裂隙发育的特点如下：

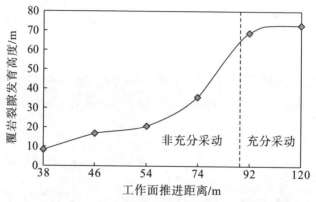

图 5.3 $1^{-2上}$煤层开采覆岩裂隙发育高度与工作面推进距离关系

（1）非充分采动阶段。

覆岩裂隙发育高度与工作面推进距离满足二次函数关系，相关系数 R^2 为 0.981。拟合公式为：

$$H = 0.0113x^2 - 0.4335x + 9.9863 \tag{5.1}$$

非充分采动曲线后半段，覆岩裂隙发育至土层，随工作面推进距离增加，土层呈整体破断下沉，易知，覆岩裂隙发育速率增快。

（2）充分采动阶段。

工作面达到充分采动后，覆岩裂隙发育已至地表，故覆岩裂隙发育高度随工作面推进距离变化不大。

5.1.2 基于混合型裂纹扩展理论的裂隙发育机理

1. 采动走向上行裂隙发育分段与端部受力分析

随着采煤工作面推进距离增加，上覆岩层在集中拉应力和重力的作用下发生挠曲、垮落，上行裂隙随之沿一定垮落角不断向上发育。采动走向方向上行裂隙的发育过程可以分为以下三个阶段（图5.4）：

（1）上行裂隙产生段：工作面自开切眼后推进，边界处和工作面开采侧顶板有纵向裂隙产生，顶板发生挠曲，但尚未垮落的阶段，如图5.4（a）所示。

（2）上行裂隙发育延伸段：顶板发生垮落后，上行裂隙沿岩层破断角向上发育，随着工作面的推进和顶板自下而上的垮落，上行裂隙沿岩层破断角向上延伸，裂隙发育高度随之增加，如图5.4（b）和图5.4（c）所示。

（3）上行裂隙稳定段：工作面推进达到充分采动后，上行裂隙发育高度基本达到最大值，工作面继续推进，开切侧上行裂隙达到稳定，不再发育，工作面回采侧上行裂隙呈"产生—发育延伸—稳定—闭合—新裂隙产生"的周期性发育过程，但发育高度基本稳定，如图5.4（d）所示。

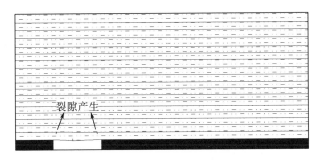

（a）上行裂隙产生段

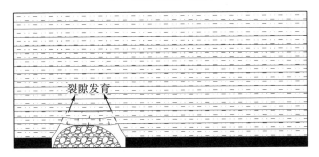

（b）上行裂隙发育延伸段

图 5.4 上行裂隙的发育过程

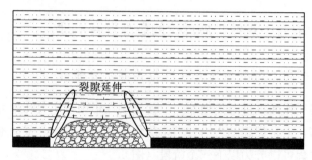

（c）上行裂隙发育延伸段（延伸）

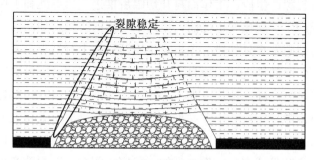

（d）上行裂隙稳定段

图 5.4（续）

　　上行裂隙发育是垂直作用力与集中拉应力综合作用的结果，断裂力学能够把岩石断裂强度与所受载荷很好的关联起来，是分析裂纹扩展和上行裂隙发育的有效方法。因此，为研究上行裂隙发育机理，运用断裂力学对裂纹的受力和扩展过程进行分析，岩层裂纹端部受力如图 5.5 所示。

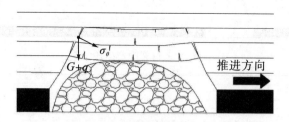

图 5.5　岩层裂纹端部受力分析

　　裂纹端部垂直方向上受岩层自身重力 G 和上覆载荷 q 的作用，可导致面内剪切型裂纹（Ⅱ型裂纹）；垂直于上行裂隙延伸方向受边界集中拉应力 σ_θ 的作用，可导致拉伸型裂纹（Ⅰ型裂纹），两种裂纹的受力和扩展形式如图 5.6 所示。可见，采动岩层裂纹的扩展是以上两种裂纹综合作用的结果，因此，在断裂力学中应当作为混合型裂纹（Ⅰ、Ⅱ型裂纹）进行分析，如图 5.7 所示。

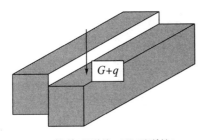 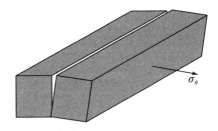

（a）拉伸型裂纹（Ⅰ型裂纹）　　　（b）面内剪切型裂纹（Ⅱ型裂纹）

图 5.6　两种不同的裂纹型式

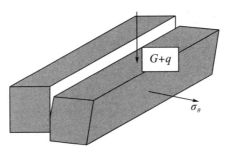

图 5.7　采动岩层混合型裂纹

2. 基于裂纹扩展理论的上行裂隙发育机理

随着煤层工作面开采，冒落带顶板呈无序垮落状态，该范围内的上行裂隙带岩层完全破断。其上部的裂隙带顶板呈有序垮落，在 G、q、σ_θ 的作用下回转下沉，上行裂隙带顶板受力为"上拉下压"状态。由于岩层随采动呈分层垮落，为分析裂隙带上行裂隙发育机理，确定其发育高度，将裂隙带岩层自下而上进行编号（1，2，…，n），如图 5.8 所示。裂隙带岩层的破断扩展从下至上逐层计算，受拉应力和垂直方向的作用力，超过其临界强度时，首先在岩层的顶端产生裂纹，随后在拉应力的作用下沿着裂隙带方向向下扩展直至贯通该岩层，那么该岩层破断，成为导水导气的通道，同时上行裂隙向上发育延伸。

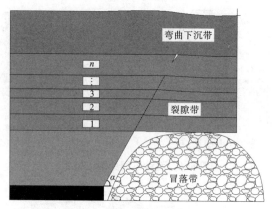

图 5.8　上行裂隙发育机理

随着计算岩层层数的增高，裂隙带第 $n-1$ 层岩层裂纹仍能够贯通岩层自由面时，该岩层完全断裂，而计算到其上部的第 n 层时，由于集中拉应力和垂直方向作用力减小，裂纹不足以扩展，且该岩层不会贯通，即该岩层不会完全断裂，此时，上行裂隙不再沿破断角向上延伸（图 5.9）。

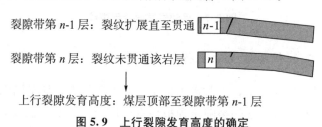

图 5.9　上行裂隙发育高度的确定

在充分采动条件下，易得基于微观裂纹扩展理论的采动上行裂隙发育高度的确定方法：煤层顶部直至第 n 层岩层底部的厚度即为煤层开采后上行裂隙的发育高度（图 5.9）。

3.　裂纹扩展理论模型和扩展判据的建构

根据 Erdogan 和 Sih 提出的 $\sigma(\theta)_{max}$ 理论，控制岩层裂纹断裂的参数是裂纹端部的最大环向拉应力 $\sigma(\theta)_{max}$，据此，建立如图 5.10 所示的上行裂隙带岩层裂纹扩展理论模型，裂纹端部的应力状态在极坐标中可以用式 5.2 来表示。

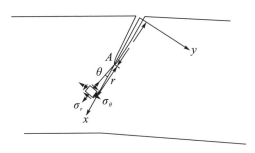

图 5.10 裂纹扩展理论模型

$$\begin{cases} \sigma_r = \dfrac{1}{(2\pi r)^{\frac{1}{2}}}\cos\dfrac{\theta}{2}\Big[K_{\mathrm{I}}\Big(1+\sin^2\dfrac{\theta}{2}\Big)+\dfrac{3}{2}K_{\mathrm{II}}\sin\theta-2K_{\mathrm{II}}\tan\dfrac{\theta}{2}\Big]+\cdots \\[3mm] \sigma_\theta = \dfrac{1}{(2\pi r)^{\frac{1}{2}}}\cos\dfrac{\theta}{2}\Big[K_{\mathrm{I}}\cos\theta-\dfrac{3}{2}K_{\mathrm{II}}\sin\theta\Big]+\cdots \\[3mm] \tau_{r\theta} = \dfrac{1}{(2\pi r)^{\frac{1}{2}}}\cos\dfrac{\theta}{2}\Big[K_{\mathrm{I}}\sin\theta+K_{\mathrm{II}}(3\cos\theta-1)\Big]+\cdots \end{cases}$$

$$(5.2)$$

式中，θ 为裂纹扩展角，°；r 为距裂纹端部的距离，m；K_{I} 为 I 型裂纹强度因子，MPa·$\sqrt{\mathrm{m}}$；K_{II} 为 II 型裂纹强度因子，MPa·$\sqrt{\mathrm{m}}$；K_{I} 和 K_{II} 分别由式（5.3）和式（5.4）确定：

$$K_{\mathrm{I}}=\sigma_\theta\sqrt{\pi c} \qquad\qquad (5.3)$$

$$K_{\mathrm{II}}=\tau\sqrt{\pi c} \qquad\qquad (5.4)$$

式中，σ_θ 为点 A 处的拉应力，MPa；τ 为点 A 处的剪应力，MPa，σ_θ 和 τ 的值可通过数值模拟的方法加以确定；c 为裂纹的半径长，m，取 $c=1$，$r/c\ll1$。

裂纹在其端部沿径向方向扩展，当 $\sigma(\theta)_{\max}$ 达到岩层的临界强度因子时，裂纹开始扩展，根据式（5.2），可用数学式表示为式（5.5）和式（5.6）：

$$\cos\dfrac{\theta_0}{2}\Big(\dfrac{K_{\mathrm{I}}}{K_{\mathrm{I}c}}\cos^2\dfrac{\theta_0}{2}-\dfrac{3}{2}\dfrac{K_{\mathrm{II}}}{K_{\mathrm{I}c}}\sin\theta_0\Big)=1 \qquad\qquad (5.5)$$

$$\cos\dfrac{\theta_0}{2}\Big[K_{\mathrm{I}}\sin\theta_0+K_{\mathrm{II}}(3\cos\theta_0-1)\Big]=0 \qquad\qquad (5.6)$$

式中，$K_{\mathrm{I}c}$ 为裂纹临界应力强度因子（材料常数），MPa·$\sqrt{\mathrm{m}}$。

由式（5.5）和式（5.6），可得 $\sigma(\theta)_{\max}$ 理论的启裂迹线如图 5.11 所示。裂纹扩展的判据如下：

（1）根据式（5.3）、式（5.4）和式（5.6）求得裂纹的扩展启裂角 θ_0。

（2）根据式（5.3）、式（5.4）、式（5.5）和所求 θ_0 值，结合 $\sigma(\theta)_{\max}$ 理论的启裂迹线（图 5.11），判断裂纹是否发生扩展。若处于启裂迹线内，则裂纹不发生扩展，上行裂隙不向上发育延伸；若处于启裂迹线外侧，则裂纹发生扩展直至自由面，上行裂隙继续向上发育。

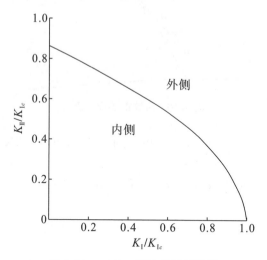

图 5.11　$\sigma(\theta)_{max}$ 理论的启裂迹线

5.1.3　近距离下煤层开采覆岩裂隙走向发育规律

当工作面推进 54 m 时，层间老顶第一次破断，上下煤层采空区垮通，$1^{-2上}$煤层开采后的原有裂隙活化发育，切眼侧边界裂隙发育程度增大，下煤层开采的覆岩破断角约 70°，如图 5.12 所示。

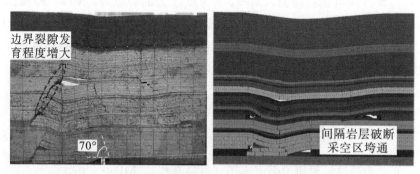

图 5.12　$1^{-2上}$煤层开采覆岩裂隙发育高度与工作面推进距离关系

当工作面推进 64 m、72 m 时，工作面周期性破断的覆岩裂隙发育如图 5.13 所示。当下煤层工作面达到充分采动时，覆岩裂隙发育至地表，裂隙发育高度 98.27 m，为复合采高的 11 倍。此外，地表下行裂隙发育深度与单一煤层相比明显增大，地表最大裂缝宽度可达 1.74 m，如图 5.13 所示。

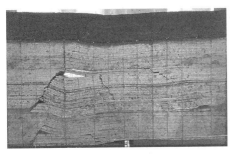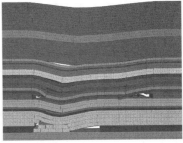

（a）工作面推进64 m覆岩裂隙发育

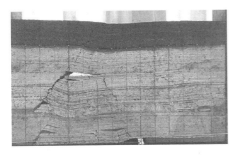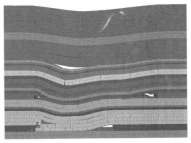

（b）工作面推进72 m覆岩裂隙发育

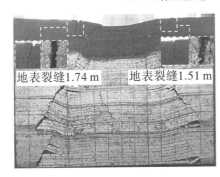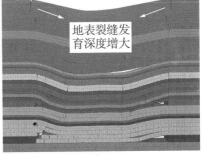

（c）工作面充分采动时覆岩裂隙发育

图5.13 1^{-2}煤层开采老顶周期性垮落裂隙发育

5.1.4 近距离煤层开采覆岩裂隙走向发育分维研究

因采动裂隙结构形态的复杂性和不规则性，故常规的几何理论无法对其进行准确描述，而分形几何理论正是描述这种不规则现象的有力工具，在岩体裂隙网络分型研究中，主要使用计盒维数法对其覆岩裂隙图形分形特征进行计算，计算公式为：

$$D = \lim_{r \to 0} \frac{\lg N(r)}{-\lg(r)} \tag{5.7}$$

式中，D 为裂隙的盒子维数；r 为标度；$N(r)$ 为标度 r 下裂隙结构面进入的盒子数。

从 3DEC 数值计算中获取二维切片裂隙图像，但获取的图像往往是 RGB 彩色图像，需先将图像转为灰度图像并进行锐化去噪处理。处理后的灰度图像导入 Matlab，采用阈值分割的方法对图像进行二值化，再将图像转为仅有黑（灰度值为 0）白（灰度值为 1）二值的图像，部分二值图如图 5.14 所示，二值化处理灰度变换的判别函数 $f(x,y)$ 表达式如下：

$$f(x,y)=\begin{cases}0,f(x,y)<t\\1,f(x,y)\geqslant t\end{cases} \tag{5.8}$$

式中，$f(x,y)$ 为二值化图像灰度值；t 为阈值。

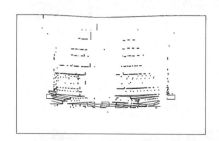

（a）单一煤层开采　　　　　　　　　（b）下煤层重复采动

图 5.14　近距离煤层开采覆岩裂隙二值图

结合式（5.8），调用 Fraclab 工具箱对处理后的数字图像进行分形维数计算，得到单一煤层开采、下煤层重复采动时，不同工作面推进距离的裂隙分形维数见表 5.1。

表 5.1　不同工作面推进距离的覆岩裂隙分形维数

单一煤层开采/m	分形维数 D	相关系数 R^2	下煤层重复采动/m	分形维数 D	相关系数 R^2
10	1.100	0.994	10	1.262	0.979
20	1.107	0.994	20	1.266	0.978
30	1.125	0.993	30	1.270	0.977
40	1.141	0.993	40	1.280	0.978
50	1.204	0.992	50	1.363	0.984
60	1.208	0.992	60	1.368	0.984
70	1.251	0.991	70	1.395	0.984

单一煤层开采/m	分形维数 D	相关系数 R^2	下煤层重复采动/m	分形维数 D	相关系数 R^2
80	1.267	0.988	80	1.411	0.985
90	1.277	0.987	90	1.414	0.985
100	1.287	0.985	100	1.414	0.985
110	1.269	0.981	110	1.439	0.985
120	1.257	0.979	120	1.438	0.985

由表 5.1 可知，随着工作面推进距离的增加，覆岩裂隙分形维数线性拟合下的相关系数在 97% 以上，说明不同推进距离下采动岩体裂隙网络分布均具有良好的自相似性，分形维数在 1.100～1.438 之间，随着工作面推进距离的变化，采动岩体裂隙网络的分形维数总体呈增大趋势（图 5.15）。

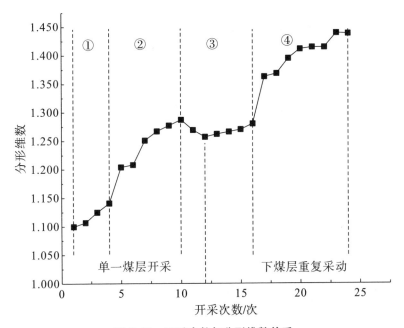

图 5.15　开采次数与分形维数关系

由表 5.1 和图 5.15 可知，采动覆岩裂隙分形维数随工作面推进距离的变化情况分为以下 4 个阶段。

（1）单一煤层分形维数缓升段：自工作面开切眼至推进 40 m，工作面处于初采阶段。此时，工作面直接顶垮落，随推进上部覆岩产生离层裂隙，开切

及工作面侧也有纵向裂隙产生且逐渐发育，分形维数从 1.100 缓慢增长到
1.141，表现为缓慢升维，如图 5.16 所示。该阶段分形维数 D 和开采次数 L
满足线性关系，相关系数 R^2 为 0.958，其拟合公式为：

$$D=0.0141L+1.083 \quad (L=1\sim4) \tag{5.9}$$

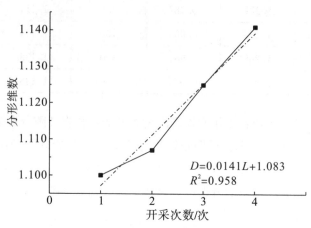

图 5.16　单一煤层分形维数缓升段变化规律

（2）单一煤层分形维数快升段：当工作面推进 40～100 m 时，该阶段基本
为工作面老顶初次及周期性垮落阶段。随着工作面老顶周期性垮落，覆岩裂隙
向上延伸发育，分形维数由 1.141 增至 1.287，呈台阶式降速跳跃升维（与周
期垮落步距基本一致），如图 5.17 所示。分形维数 D 和开采次数 L 满足二次
函数关系，相关系数 R^2 为 0.969，其拟合公式为：

$$D=-0.00344L^2+0.07113L+0.918 \quad (L=4\sim10) \tag{5.10}$$

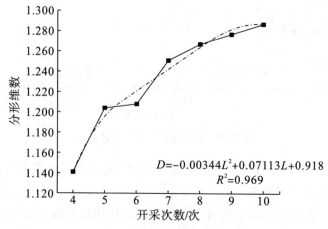

图 5.17　单一煤层分形维数快升段变化规律

（3）分形维数稳定段：分为两部分（$L=10\sim16$）。一是顶部单一煤层达到充分采动后的开采阶段（推进 $100\sim120$ m）。充分采动后，覆岩裂隙发育高度基本达到极值，因此，裂隙分形维数变化不大，在 $1.257\sim1.287$ 之间。二是下煤层重复采动的初采阶段（老顶未垮落，下煤层工作面自开切眼推进 40 m）。此时，间隔岩层尚未完全破断，两煤层采空区没有垮通，覆岩裂隙有所增长，但变化不大，在 $1.262\sim1.280$ 之间，如图 5.18 所示。

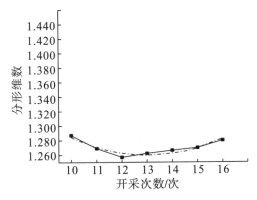

图 5.18 分维稳定段变化规律

（4）重复采动二次升维阶段：1^{-2} 煤层重复开采，老顶初次垮落后的开采阶段。老顶初次垮落时，间隔岩层完全破断，上下煤层工作面采空区垮通，此时覆岩裂隙分形维数从 1.280 跳跃至 1.363。之后随着工作面继续推进，间隔岩层周期性破断垮落，$1^{-2上}$ 煤层原有裂隙随之活化发育，覆岩裂隙发育范围扩大，分形维数变化也与顶板周期性垮落一致，如图 5.19 所示。

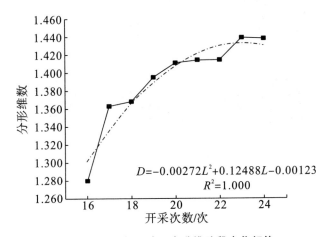

$$D=-0.00272L^2+0.12488L-0.00123$$
$$R^2=1.000$$

图 5.19 重复采动二次升维阶段变化规律

该阶段分形维数 D 和开采次数 L 满足二次函数关系，相关系数 R^2 为
1.000，其拟合公式为：

$$D=-0.00272L^2+0.12488L-0.00123 \quad (L=16\sim24) \qquad (5.11)$$

5.2　浅埋单一煤层开采倾向裂隙场分布规律

根据柠条塔煤矿北翼东区 1^{-2} 煤层和 2^{-2} 煤层开采的物理相似模拟实验开
展研究。

1. 裂隙发育规律的物理模拟

根据物理相似模拟实验，1^{-2} 煤层开采后覆岩裂隙发育规律如图 5.20 所
示。覆岩裂隙主要位于边界煤柱和区段煤柱的上方，并沿一定垮落角向上发
育，在基岩段的垮落角约为 $60°$，由于土层性质和基岩明显不同，因此土层中
的垮落角有所增大，约为 $65°$。观测得到的 1^{-2} 煤层开采地裂缝宽度如图 5.21
所示，边界煤柱侧地裂缝宽度为 0.255 m，区段煤柱侧地裂缝宽度为 0.222 m，
与实测的结果基本相符。

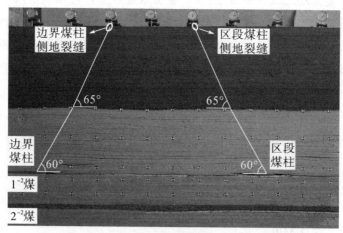

图 5.20　1^{-2} 煤层开采后覆岩裂隙发育规律

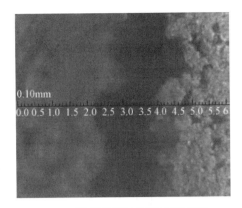

（a）边界煤柱侧地裂缝宽度观测　　　　　（b）区段煤柱侧地裂缝宽度观测

图 5.21　1^{-2} 煤层开采地裂缝宽度观测

2. 裂隙发育规律的数值计算

采用非连续变形软件 UDEC 模拟煤层开采引起的裂隙分布规律，建立可模拟长×宽为 720 m×287 m 的平面模型，工作面宽度为 245 m，区段煤柱宽度为 20 m。模拟开挖 1^{-2} 煤层，掌握单一煤层开采的裂隙发育规律。1^{-2} 煤层开采的裂隙发育规律如图 5.22 所示。

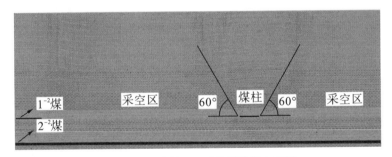

图 5.22　1^{-2} 煤层开采的裂隙发育规律

图中灰度加深部分表示发育的覆岩裂隙，其疏密表示裂隙发育程度。模拟发现，1^{-2} 煤层开采后，沿区段煤柱两侧形成向上发育的集中裂隙带，基岩中垮落角约为 60°，工作面中部压实区裂隙发育不明显。

5.3　下煤层开采倾向裂隙场演化规律与合理煤柱错距

5.3.1　不同煤柱错距的裂隙场演化规律

1.　物理模拟

通过物理模拟揭示 1^{-2} 与 2^{-2} 煤层不同煤柱错距的覆岩裂隙与地裂缝演化规律。不同煤柱布置的物理模拟研究如图 5.23 所示。确定工作面开采边界煤柱侧覆岩裂隙①与地裂缝③、区段煤柱侧覆岩裂隙②与地裂缝④。

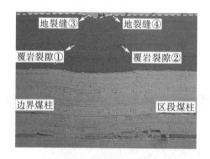
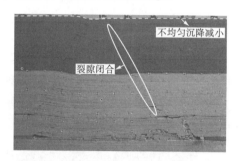

(a) 煤柱叠置裂隙场叠合　　　　(b) 煤柱错距 40 m 布置裂隙闭合

图 5.23　不同煤柱布置的物理模拟研究

裂隙场的主要控制目标是通过确定合理的区段煤柱错距，控制覆岩耦合分区中Ⅱ区的覆岩裂隙与地裂缝的发育程度，即图 5.23 中的覆岩裂隙②与地裂缝④。

根据物理模拟素描，不同煤柱错距与覆岩裂隙场演化规律如图 5.24。当煤柱错距小于 20 m 时，区段煤柱侧覆岩裂隙②发育明显［（图 5.24（a）～(c)］；当煤柱错距大于 20 m 后，随着错距增大，区段煤柱间的间隔岩层逐渐破断，区段煤柱侧覆岩裂隙逐渐减小；当煤柱错距 40 m 时，上煤柱完全沉降，Ⅱ区的覆岩裂隙②明显减小［图 5.24（e）］，当煤柱错距继续增加时，覆岩裂隙变化不再明显。综上可知，减小覆岩裂隙与地裂缝的煤柱错距应大于40 m。

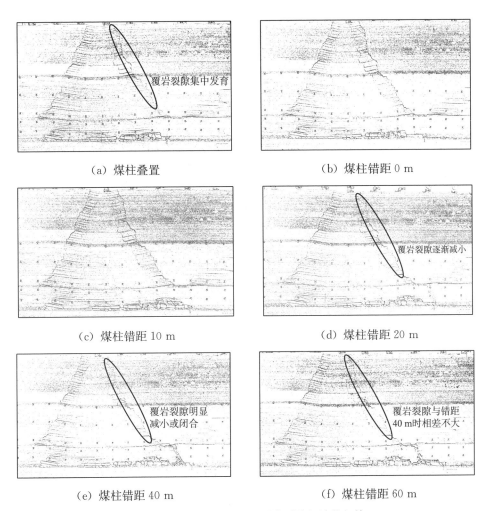

（a）煤柱叠置   （b）煤柱错距 0 m

（c）煤柱错距 10 m   （d）煤柱错距 20 m

（e）煤柱错距 40 m   （f）煤柱错距 60 m

图 5.24　不同煤柱错距与覆岩裂隙场演化规律

2. 数值计算

通过 UDEC 数值计算，可得到不同煤柱错距的裂隙场演化规律（图 5.25），灰度加深部分表示裂隙，其疏密表示裂隙发育程度。当煤柱错距小于 10 m 时，2^{-2} 煤层开采的裂隙场与原 1^{-2} 煤层开采的裂隙场叠合，裂隙沿两煤层区段煤柱两侧集中发育，地表出现明显裂缝，采空区覆岩裂隙不发育。可见，煤柱两侧覆岩裂隙和地裂缝是拉应力超过覆岩抗拉强度造成的。

随着煤柱错距的增大，2^{-2} 煤层开采形成的裂隙场与 1^{-2} 煤层开采形成的裂隙场开始分散 ［图 5.25（c）］，集中裂隙发育程度逐渐减小；当煤柱错距大于 40 m 时，1^{-2} 煤层煤柱侧集中裂隙在 2^{-2} 煤层采动后明显减小。

（a）煤柱叠置

（b）煤柱错距 10 m

（c）煤柱错距 30 m

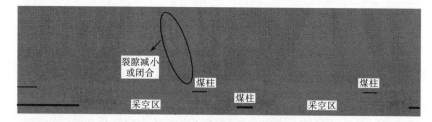

（d）煤柱错距 50 m

（e）煤柱错距 70 m

图 5.25　不同煤柱错距的裂隙场演化规律

（f）煤柱错距 90 m

图 5.25（续）

5.3.2 永久裂隙（缝）与可控裂隙（缝）

地裂缝宽度随煤柱错距的变化规律如图 5.26 和图 5.27 所示，覆岩裂隙与地裂缝最大宽度随煤柱错距的变化如图 5.28 所示，由此可得以下结论：

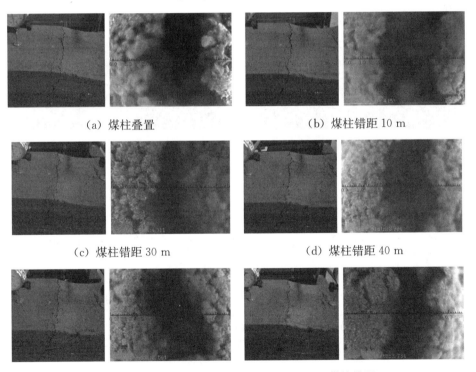

（a）煤柱叠置   （b）煤柱错距 10 m

（c）煤柱错距 30 m   （d）煤柱错距 40 m

（e）煤柱错距 50 m   （f）煤柱错距 80 m

图 5.26　地裂缝③宽度随煤柱错距变化

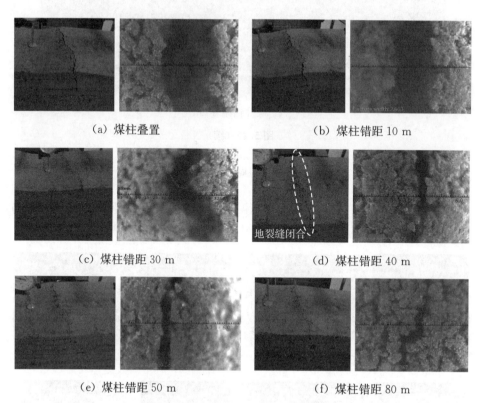

(a) 煤柱叠置　　　　　　　　　　　(b) 煤柱错距 10 m

(c) 煤柱错距 30 m　　　　　　　　　(d) 煤柱错距 40 m

(e) 煤柱错距 50 m　　　　　　　　　(f) 煤柱错距 80 m

图 5.27 地裂缝④宽度随煤柱错距变化

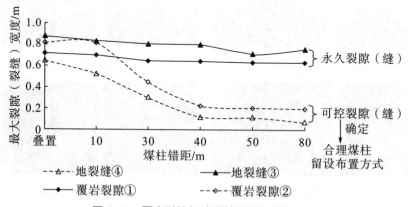

图 5.28　覆岩裂隙与地裂缝随煤柱错距变化

（1）永久裂隙（缝）：开采边界煤柱侧覆岩裂隙①与地裂缝③宽度基本不随煤柱错距变化，宽度分别为 0.66 m 和 0.80 m，称为永久裂隙（缝）。由于边界煤柱是一定存在的，永久裂隙（缝）不可避免，仅存在于大范围开采的边界处，因此，本书不予研究。

（2）可控裂隙（缝）：区段煤柱侧覆岩裂隙②随煤柱错距的增大而减小，煤柱叠置时最大达 0.814 m，但煤柱错距大于 40 m 时，裂隙宽度明显减小，且随煤柱错距的增大变化不大，平均 0.210m，比煤柱叠置时减小 74.3%；区段煤柱侧地裂缝④随煤柱错距的增大而减小，煤柱叠置时最大达 0.646 m，但煤柱错距大于 40 m 时，裂缝宽度随错距的增大变化不大，平均 0.110 m，比煤柱叠置时减小了 83.0%。可见，区段煤柱错距对其上部的覆岩裂隙与地裂缝起控制作用，称为可控裂隙（缝）。由于工作面间存在大量的区段煤柱，因此可控裂隙（缝）在覆岩和地表大范围发育，严重破坏了地表生态环境。通过确定合理的区段煤柱错距，可有效控制可控裂隙（缝）的发育，有利于实现减损开采。

（3）1^{-2} 煤层与 2^{-2} 煤层煤柱叠置时，两层煤开采形成的裂隙场叠合，覆岩裂隙②宽度最大达 0.814 m，地裂缝④宽度最大达 0.650 m。当煤柱错距 40 m 时，间隔岩层整体垮落，1^{-2} 煤层煤柱及其支承覆岩结构顶板整体沉降，覆岩裂隙与地裂缝趋于闭合，覆岩裂隙宽度为 0.210 m，地裂缝宽度为 0.110 m，地表不均匀沉降程度大大减小。

结合以上物理模拟、数值计算的分析结果，合理的煤柱布置方式对区段煤柱侧的覆岩裂隙和地裂缝［可控裂隙（缝）］起控制作用。煤柱叠置时其发育程度最为严重，虽然随着煤柱错距的增大，裂隙发育程度逐渐减轻，但当煤柱错距增大到一定距离时，裂隙发育程度最小化，其宽度基本不再随错距的增大而继续减小。此时，裂隙场能得到有效控制，地裂缝减轻，有利于实现地表减损。

5.3.3 不同煤柱错距裂隙发育的分形定量描述

将不同煤柱群结构的覆岩裂隙素描图导入 Matlab 软件中，采用 Matlab 中的 Fraclab 工具箱计算分形维数。以煤柱叠置、煤柱错距 20 m、40 m 和 60 m 为例，得到不同煤柱错距时的分形维数变化规律（图 5.29）和不同煤柱错距的分形维数（表 5.2）。

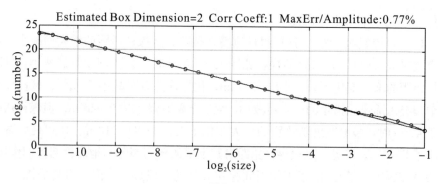

（a）煤柱叠置

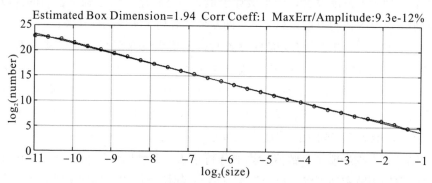

（b）煤柱错距 20 m

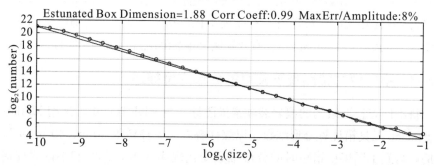

（c）煤柱错距 40 m

图 5.29　不同煤柱错距时的分形维数变化规律

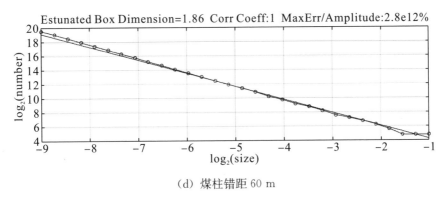

（d）煤柱错距 60 m

图 5.29（续）

表 5.2 不同煤柱错距的分形维数

煤柱错距/m	分形维数
20	2.00
40	1.94
60	1.86~1.88

根据以上图表，可以得到以下结论：

（1）煤柱叠置时的分形维数最大，即覆岩裂隙发育最为严重。

（2）随着煤柱错距增大，分形维数减小，表明上煤柱逐渐产生回转下沉，煤柱侧覆岩裂隙逐渐减小。

（3）当煤柱错距增大到一定距离时，分形维数明显减小，表明上煤柱已经完全沉降，上煤柱侧覆岩裂隙发育程度大大减小，且随着煤柱错距的继续增大趋于稳定，有利于裂隙场控制和地表减损。

6 浅埋近距煤层开采覆岩三场耦合控制与影响因素分析

基于前文对浅埋近距煤层开采集中应力分布与传递规律、覆岩与地表移动规律、覆岩裂隙与地表裂缝演化规律的研究，本章分析了三场（应力场、位移场、裂隙场）耦合控制途径与原则，揭示了基于三场演化规律的合理煤柱错距确定思路。同时，建构了浅埋近距煤层开采三场耦合控制的减压模型与减损模型，并据此给出了减压煤柱错距与减损煤柱错距的确定方法，给出了三场耦合控制的合理煤柱错距的确定方法及其影响因素的分析，为实现浅埋近距煤层煤柱减压与地表减损的绿色开采提供了理论支撑。

6.1 三场耦合控制的途径与原则

区段煤柱是导致覆岩应力集中、地表不均匀沉降与裂隙集中发育的根源。浅埋近距煤层开采煤柱减压与地表减损的原则是实现应力场、位移场、裂隙场的耦合控制，途径是确定合理的区段煤柱布置方式和煤柱错距，以减小下煤层煤柱（简称"下煤柱"）的集中应力，减缓覆岩与地表的不均匀沉降，减轻覆岩裂隙与地裂缝的发育程度，使覆岩三场处于最佳状态（图6.1），并达到以下效果。

6.1.1 Ⅰ区采动应力、位移与裂隙特征

上煤层煤柱（简称"上煤柱"）集中应力向底板传递，若其与下煤柱集中应力叠加，会造成集中应力叠加，不利于煤层安全开采；而煤柱支撑结构使得该区对应地表下沉量小，导致地表不均匀沉降。因此，该区耦合控制的重点是：① 避免上下煤层区段煤柱集中应力的叠加，减小两煤层煤柱的集中应力（重点是下煤柱的集中应力）；② 增大上煤柱覆岩的下沉量，减小地表的沉降落差，减缓不均匀沉降。

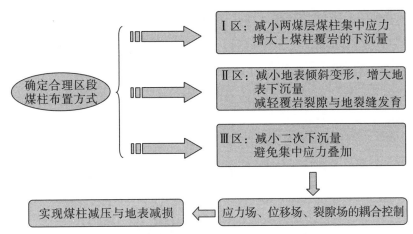

图 6.1　煤柱减压和地表减损的控制途径

6.1.2　Ⅱ区采动应力、位移与裂隙特征

该区受拉应力的作用，区段煤柱侧上行裂隙与煤层裂隙集中发育，对应地表为下沉盆地的盆沿，倾斜变形大，是地裂缝发育最为严重的区域。因此，该区耦合控制的重点：① 减小对应地表的倾斜变形，增大地表的下沉量；②减轻覆岩裂隙与地裂缝的发育程度，使集中发育的覆岩裂隙与地裂缝在下煤层开采后减小或闭合。

6.1.3　Ⅲ区采动应力、位移与裂隙特征

该区耦合控制的重点：① 避免下煤柱的集中应力与上煤层采空区中部增压区的应力叠加，使下煤柱集中应力区处于减压区范围内；②煤层重复采动后，使该区的二次下沉量小于Ⅰ区和Ⅱ区的二次下沉量，从而减小地表的沉降落差，减缓不均匀沉降。

对浅埋近距煤层开采，为实现煤柱减压与地表减损的三场控制，需确定合理的煤柱留设布置方式，以达到三场趋于均化的效果（图 6.2）。首先，研究不同煤柱错距的应力场、位移场和裂隙场演化规律，重点掌握煤柱错距与下煤柱集中应力、覆岩与地表下沉、覆岩裂隙与地裂缝发育之间的关系；其次，定量分析煤柱错距条件下的三场演化规律；最后，建构三场耦合控制模型，提出煤柱减压与地表减损的耦合控制方法。

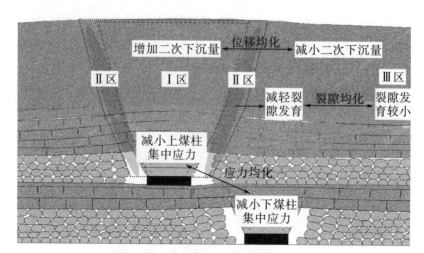

图 6.2   三场趋于均化的效果

6.2   基于三场演化规律的合理煤柱错距

6.2.1   浅埋近距离煤层开采三场演化规律

基于前文不同煤柱留设布置方式的集中应力演化规律、覆岩与地表下沉规律以及覆岩裂隙与地裂缝发育规律，本节探讨三场演化规律。在三场演化规律图中，应力场采用统一图例，矢量箭头表示覆岩与地表的下沉量，并根据物理模拟素描覆岩垮落形态与裂隙发育的情况。

煤柱叠置的三场演化规律如图 6.3 所示。由图可知，此时上下煤柱结构完全叠合，上下煤柱集中应力场叠加，导致下煤柱集中应力大；同时，由于区段煤柱支撑结构的叠加作用，覆岩和地表不均匀沉降显著，覆岩倾向三区中Ⅲ区（尤其是工作面中部）的下沉量最大，Ⅰ区的下沉量最小，为沉降落差极值段；此外，根据物理模拟素描得到的裂隙发育情况，Ⅱ区的岩层垮落回转，受集中拉应力的作用，区段煤柱侧（Ⅱ区）的覆岩裂隙与地裂缝发育严重，严重威胁煤层的安全开采与地表的减损开采。

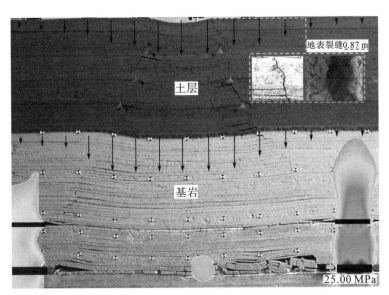

图 6.3　煤柱叠置的三场演化规律

　　煤柱错距 10 m 的三场演化规律如图 6.4 所示。由图可知，上煤柱仍处于下煤柱支撑结构范围内，因此，下煤柱的集中应力仍然较大；地表不均匀沉降明显，为沉降落差极值段；区段煤柱侧（Ⅱ区）的覆岩裂隙与地裂缝发育严重。

图 6.4　煤柱错距 10 m 的三场演化规律

　　煤柱错距 40 m 的三场演化规律如图 6.5 所示。由图可知，上煤柱完全沉降，上煤柱已与下煤柱结构分离，上下煤柱集中应力场不产生叠加，因此，下煤柱集中应力较小，有利于煤层安全开采；同时，Ⅰ区覆岩和地表充分下沉，煤柱结构区的二次下沉量增大，地表不均匀沉降减小，为沉降落差稳定段；上煤柱结构充分下沉移动，使区段煤柱侧覆岩裂隙和地裂缝减小甚至闭合。总体而言，下煤柱集中应力、覆岩与地表不均匀沉降、集中发育的覆岩裂隙与地裂缝均得到有效控制，有利于煤柱减压与地表减损。

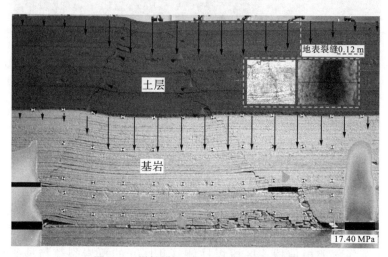

图 6.5　煤柱错距 40 m 的三场演化规律

　　煤柱错距 50 m 的三场演化规律如图 6.6 所示。由图可知，下煤柱集中应力较小，地表不均匀沉降程度减小，也处于沉降落差稳定段，区段煤柱侧覆岩裂隙与地裂缝宽度较小，且与煤柱错距 40 m 时变化不大。

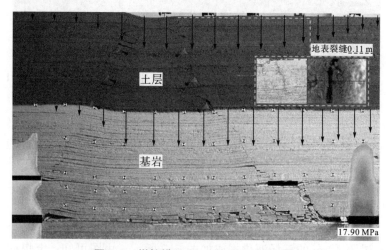

图 6.6　煤柱错距 50 m 的三场演化规律

综上可知，当上下煤柱结构叠合时，集中应力场叠加，造成下煤柱集中应力大，地表不均匀沉降显著，集中应力导致区段煤柱侧覆岩裂隙与地裂缝发育严重，不利于煤柱减压与地表减损耦合控制；随着煤柱错距增大，上下煤柱集中应力场逐渐分离，当上煤柱充分沉降且下煤柱不受上采空区中部增压区影响时，上下煤柱集中应力场分离，下煤柱集中应力与上采空区中部增压区不叠加，区段煤柱侧覆岩裂隙与地裂缝减小或闭合，可减缓地表的不均匀沉降，有利于下煤柱减压与地表减损。

6.2.2 煤柱减压与地表减损耦合控制的煤柱错距

浅埋近距离煤层开采煤柱减压与地表减损的原则是实现三场的耦合控制，从而减小下煤柱集中应力、减缓地表不均匀沉降、减轻地裂缝发育，途径是确定合理的区段煤柱布置方式。根据以上章节分析可知，当上下煤柱结构完全分离，同时下煤柱未进入上煤层采空区中部增压区范围时，可以避免下煤柱集中应力场与上煤柱集中应力场或上采空区中部增压区应力场叠加，减小下煤柱集中应力的大小；重复采动后，覆岩倾向三区中Ⅰ区和Ⅱ区的覆岩与地表二次下沉量增大，减缓了地表的不均匀沉降；覆岩二次下沉移动导致区段煤柱侧覆岩裂隙与地裂缝减小或闭合，减轻了地裂缝的发育。

根据物理模拟，下煤柱最大集中应力、地表沉降落差、区段煤柱侧地裂缝宽度与上下煤柱错距的关系如图6.7所示。由图可得以下结论：

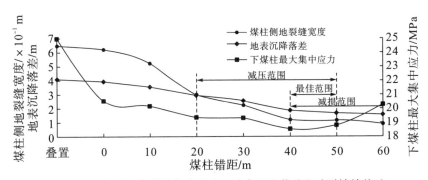

图6.7 煤柱错距与煤柱集中应力、地表沉降落差和地裂缝的关系

（1）煤柱减压的煤柱错距范围：为减小下煤柱的集中应力，合理地确定煤柱错距，既要避开上煤柱传递的集中应力，又要避开上采空区工作面中部增压区。

（2）地表减损的煤柱错距范围：为实现浅埋近距离煤层的减损开采，不仅要减缓重复采动造成的地表不均匀沉降，控制位移场，而且要减轻地裂缝的发育，控制裂隙场。

（3）合理的区段煤柱错距：取煤柱减压的煤柱错距范围与地表减损的煤柱错距范围的交集，从而实现应力场、位移场与裂隙场的耦合控制。

柠条塔煤矿 1^{-2} 煤层与 2^{-2} 煤层开采时，实现煤柱减压的煤柱错距范围为 20～50 m，实现减损开采的煤柱错距应大于 40 m。因此，合理的煤柱错距为 40～50 m。与煤柱叠置时相比，下煤柱集中应力可减小 22.5％～25.8％，地表沉降落差可减小 54.9％，区段煤柱侧地裂缝宽度可减小 82.2％，能实现煤柱减压与地表减损的耦合控制。

6.3 基于煤柱集中应力控制的减压模型

对于浅埋近距离煤层开采，确定合理的上下煤柱错距，既要避开上煤层开采后煤柱传递的集中应力，又要避免将下煤柱布置在上采空区中部增压区范围内。本节基于上煤层区段煤柱集中应力在底板中的传递规律，以及上煤层采空区中部增压区的应力分布规律，建构下煤柱集中应力控制的减压模型，从而确定合理的减压煤柱错距。

6.3.1 避开上煤柱传递集中应力的最小煤柱错距模型

1. 精细化减压模型的建构

前人研究已得出上煤柱底板集中应力并不是以直线传递，但目前的理论模型多将其简化为以一定的传递角确定减压的范围，因此结果存在偏差。基于第 3 章的模拟实验与理论分析，在煤层群开采中，上煤层遗留区段煤柱的底板即为两煤层的间隔岩层，因此，将煤柱底板的深度 x 看作不同间隔岩层厚度（层间距）时的情况。当层间距（x）一定时，即可得到下煤层顶部在区段煤柱均布荷载作用下的垂直应力分布规律，此外，随着层间距增大，间隔岩层自重的影响将变得明显，故在煤层群开采中求解下煤层顶部的垂直应力时，应考虑间隔岩层的自重，修正后的垂直应力 σ_{x_1} 为：

$$\sigma_{x_1} = \sigma_x + \gamma x \tag{6.1}$$

式中，σ_{x_1} 为修正后的垂直应力，MPa；γ 为间隔岩层的平均容重，kN/m³。

目前，国内外多数学者认为，为了避开煤层群下煤层开采上下煤柱的应力叠置，应将煤层群下部煤层巷道布置在上煤层区段煤柱向下传递的高应力区范围之外。若下煤层处的原岩应力为 σ，则下煤层巷道避开集中应力的条件为：

$$\sigma_{x_1} \leqslant \sigma \tag{6.2}$$

$$\sigma = \gamma x + \gamma_1 H_1 + \gamma_2 H_2 \tag{6.3}$$

根据式（3.1）、式（6.1）～（6.3），易得

$$\frac{\gamma_1 H_1 (a + H_1 \cot\alpha_1) + \gamma_2 H_2 (a + 2H_1 \cot\alpha_1 + H_2 \cot\alpha_2)}{a\pi} \cdot$$

$$\left[\arctan \frac{y + \frac{1}{2}a}{x} - \arctan \frac{y - \frac{1}{2}a}{x} + \frac{x(y + \frac{1}{2}a)}{x^2 + (y + \frac{1}{2}a)^2} - \frac{x(y - \frac{1}{2}a)}{x^2 + (y - \frac{1}{2}a)^2} \right]$$

$$\leqslant \gamma_1 H_1 + \gamma_2 H_2 \tag{6.4}$$

当地质条件一定时，通过式（6.4）可以得到避开上煤柱集中应力的 y 的最小值（y 为距煤柱中心水平距离），避开集中应力的煤柱错距与 y 的几何关系如图 6.8 所示，图中点 M 的垂直应力为原岩应力，可以得到最小减压煤柱错距 $L_{\sigma\min}$ 为：

$$L_{\sigma\min} \geqslant y - \frac{a}{2} + b \tag{6.5}$$

式中，$L_{\sigma\min}$ 为集中应力控制的最小减压煤柱错距，m；b 为巷道宽度，m。

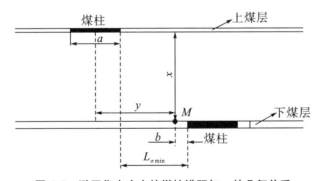

图 6.8 避开集中应力的煤柱错距与 y 的几何关系

理论上，由式（6.4）和式（6.5）可得避开集中应力的最小减压煤柱错距 $L_{\sigma\min}$。然而，其求解过程仍然较为复杂。为解决工程实际问题，建构煤柱错距精细化减压模型如图 6.9 所示，图中 a 为上煤层区段煤柱宽度，m；a_2 为下煤层区段煤柱宽度，m；b 为下煤层巷道的宽度，m；γH 为原岩应力，MPa。横坐标为距上煤柱中心的水平距离，纵坐标为层间距（上煤层区段煤柱宽度的倍数），上下煤层间的曲线为原岩应力等值线。由图可得以下结论：

（1）区段煤柱正下方的集中应力最大，按煤柱宽度 $a = a_2 = 20\text{m}$ 计算，当

层间距分别为 10 m（0.5*a*）、20 m（*a*）、30 m（1.5*a*）、35 m（1.75*a*）时，传递到下煤层的最大垂直集中应力分别为 4.6、3.1、2.2 和 1.9 倍的原岩应力。

（2）以原岩应力线为分界线（原岩应力等值线），处于其内部的区域为高应力泡区，垂直应力大于原岩应力；处于其外部的区域为低应力区，垂直应力小于原岩应力。

对于浅埋近距离煤层开采，应将下煤层巷道布置在低应力区，当开采条件一定时（层间距确定），即可得到基于集中应力控制的最小减压煤柱错距 $L_{\sigma \min}$。

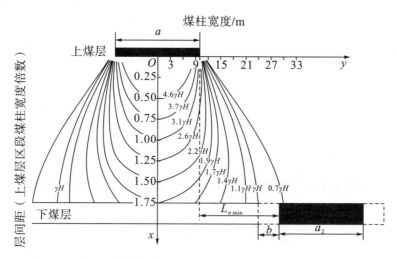

图 6.9　避开上煤柱传递集中应力的精细化最小减压煤柱错距模型

2．实例分析

（1）补连塔煤矿 1^{-2} 煤层与 2^{-2} 煤层开采。

补连塔煤矿 22306 工作面开采 2^{-2} 煤层，煤层倾角小于 $3°$，其上部的 1^{-2} 煤层已回采结束，遗留下大量的区段煤柱，2^{-2} 煤层与 1^{-2} 煤层区段煤柱错距为 8.4 m，层间距为 35 m，据实测可知，22306 工作面回风巷道底板与两帮均发生变形，影响矿井的安全生产。

结合实际开采条件，计算参数选取如下：$H_1 = 130$ m，$H_2 = 10$ m，$\gamma = \gamma_1 = 25$ kN/m³，$\gamma_2 = 15$ kN/m³，$\alpha_1 = 50°$，$\alpha_2 = 65°$，$a = 25$ m，$x = 35$ m，$b = 5.6$ m，修正后的 1^{-2} 煤层底板垂直应力分布规律如图 6.10 所示。易得，$y = 23.61$ m，又由式（6.5）可得避开 1^{-2} 煤层区段煤柱集中应力的最小减压煤柱错距为：

$$L_{\sigma\min}=23.61-0.5\times25+5.6=16.71(\text{m})>8.4(\text{m})$$

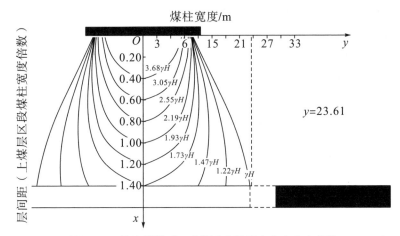

图 6.10　补连塔煤矿 1^{-2} 煤层底板垂直应力分布规律

由此可见，矿井所留设的区段煤柱错距（8.4 m）偏小，22306 工作面回风巷道处于 1^{-2} 煤层区段煤柱底板应力集中区域，因而会产生变形破坏。

（2）曹村煤矿 $10^{\#}$ 煤层与 $11^{\#}$ 煤层开采。

曹村煤矿开采 $11^{\#}$ 煤层，其上部的 $10^{\#}$ 煤层已开采成为采空区，两煤层平均间距为 9m，由于 $10^{\#}$ 煤层中遗留的区段煤柱集中应力会对下部 $11^{\#}$ 煤层回采巷道产生影响，因此需要确定合理的区段煤柱错距。

结合开采地质条件，计算参数选取如下：$H_1=117$ m，$H_2=98$ m，$\gamma=\gamma_1=24$ kN/m³，$\gamma_2=20$ kN/m³，$\alpha_1=60°$，$\alpha_2=65°$，$a=18$ m，$x=9$ m，$b=4$ m，修正后的 $10^{\#}$ 煤层底板垂直应力分布规律如图 6.11 所示。易得，$y=16.86$ m，又由式（6.5）可得避开集中应力的最小减压煤柱错距 $L_{\sigma\min}=16.86-0.5\times18+4=11.86(\text{m})$。

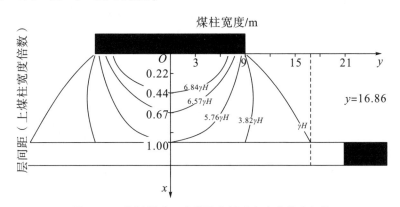

图 6.11　曹村煤矿 $10^{\#}$ 煤层底板垂直应力分布规律

根据工程实践，曹村煤矿 10# 煤层与 11# 煤层煤柱错距 11.5 m 布置时，巷道顶底板累计移近量基本维持在 64～112 mm，两帮累计移近量为 96～134 mm，变形速度维持在 3～7 mm/d，第 32 天之后巷道变形基本稳定，由此可见，理论分析所得的 11.86 m 的煤柱错距较为合理。

（3）柠条塔煤矿 1^{-2} 煤层和 2^{-2} 煤层开采。

①理论计算：两煤层平均间距 $x=35$ m，上煤柱宽度 $a=20$ m，均布荷载 $q=21$ MPa，间隔岩层平均容重 $\gamma=24$ kN/m³，下煤层巷道宽度 $b=5$ m，1^{-2} 煤层开采后，修正后的柠条塔煤矿 1^{-2} 煤层底板垂直应力分布如图 6.12 所示。由图可知，$y=23.7$ m，根据式（6.5）计算得到最小减压煤柱错距 $L_{\sigma\min}$ 为：

$$L_{\sigma\min} \geqslant y - \frac{a}{2} + b = 23.7 - 10 + 5 = 18.7(\text{m})$$

因此，避开上煤层区段煤柱传递集中应力的最小减压煤柱错距为 18.7 m。

②物理模拟：物理模拟能够反映上煤柱集中应力的大小和传递到下煤层垂直应力的分布规律，但不能完全呈现集中应力在间隔岩层的传递规律。根据建构的精细化理论模型，煤柱底板的垂直应力等值线呈"应力泡"，由于原岩应力等值线也并非直线，因此，物理模拟把原岩应力等值线近似为直线处理，而根据应力传递角计算得到最小煤柱错距为 21.3 m，与理论计算所得 18.7 m 相比，结果偏大。故理论模型所得结果更为可靠。

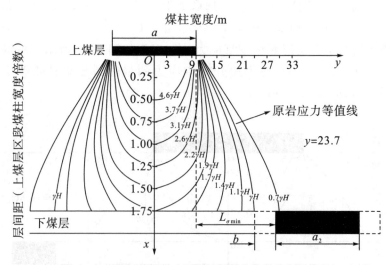

图 6.12　柠条塔煤矿 1^{-2} 煤层底板垂直应力分布规律

6.3.2 避开上采空区中部增压区的最大煤柱错距模型

1. 模型的建构

根据物理模拟，可得上煤层采空区中部增压区的分布规律，以及传递到下煤层的应力分布规律。目前国内还没有系统的确定上煤层采空区中部增压区应力传递的方法，由于增压区范围大，且垂直应力比区段煤柱集中应力小的多，因此，结合物理模拟和数值计算得到的规律，将底板应力传递边界简化为直线，建构避开上采空区中部增压区的最大煤柱错距模型（图 6.13）。图中 $\sum h$ 为层间距，m；φ 为采空区中部应力传递角，°；$l_{上增}$ 为采空区中部应力增高区范围，m。

上煤层工作面宽度为 L，由图 6.6 可得最大减压煤柱错距 $L_{\sigma\,\max}$ 为：

$$L_{\sigma\,\max} = \frac{1}{2}(L - l_{上增}) - \sum h \cdot \tan\varphi - a_2 - b \tag{6.6}$$

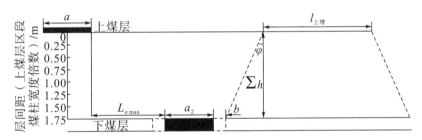

图 6.13 避开上采空区中部增压区的最大煤柱错距模型

2. 基于煤柱集中应力控制的煤柱错距确定

下煤柱布置时，一方面应当避开上煤层区段煤柱所传递的集中应力，另一方面要避开上煤层采空区中部增压区的范围。因此，基于集中应力控制的合理减压煤柱错距 L_σ 为：

$$L_{\sigma\,\min} \leqslant L_\sigma \leqslant L_{\sigma\,\max} \tag{6.7}$$

根据柠条塔煤矿实际开采条件与物理模拟结果，$L=245$ m，$l_{上增}=45$ m，$\sum h = 35$m，$\varphi = 29°$，由式（6.6）可得，最大减压煤柱错距为 $L_{\sigma\,\max} = 55.6$ m。

根据理论计算得到的基于集中应力控制的合理减压煤柱错距为 18.7～55.6 m，这与由物理模拟和数值计算得到的 20～50 m 的结果基本一致，故理论模型较为可靠。

6.4 减压模型中煤柱错距的影响因素分析

在特定的浅埋近距离煤层开采条件下，即采高、基岩与土层性质、层间距等因素是一定的，根据前述章节分析，煤柱错距是影响浅埋近距离煤层开采三场演化规律的关键，合理煤柱错距的确定成为三场耦合控制、实现煤柱减压和地表减损开采的根本途径。基于建构的减压模型，研究其合理煤柱错距的影响因素，分析影响因素变化对集中应力控制的合理煤柱错距的影响。减压模型中上煤柱传递的集中应力较大，是造成下煤柱应力集中的主要原因。本节需要重点分析最小煤柱错距的影响因素，而上采空区中部增压区所传递的应力较小，则主要与工作面宽度、上采空区增压区范围和层间距等因素有关。

由式（6.4）与式（6.5），以及避开上煤柱传递集中应力的最小煤柱错距与基岩厚度 H_1、土层厚度 H_2、基岩容重 γ_1、土层容重 γ_2、基岩破断角 α_1、土层破断角 α_2、上煤层区段煤柱宽度 a、层间距 x 及下煤层巷道宽度 b 等参数有关。又根据柠条塔煤矿北翼东区开采条件与物理模拟的结果，$\gamma_1 = 24\ kN/m^3$，$\gamma_2 = 19\ kN/m^3$，$\alpha_1 = 60°$，$\alpha_2 = 65°$，$a = 20\ m$，$b = 5\ m$，易知研究区中不同区域基岩与土层厚度、层间距存在差异，但覆岩的物理力学性质变化不大，因此重点分析 H_1、H_2 和 x 变化的条件下，对合理区段煤柱错距的影响。

6.4.1 基岩与土层厚度对最小煤柱错距的影响

1. 基岩厚度的影响

以柠条塔煤矿北翼东区 1^{-2} 煤层和 2^{-2} 煤层开采为例，根据 BNK26～BNK29 号钻孔数据，该区域土层厚度变化不大，取 $H_2 = 94.7\ m$，且层间距较稳定，取 $x = 35\ m$（$1.75a$），基岩厚度则在 50～90 m 范围内变化（即 $H_1 = 50～90\ m$）。不同基岩厚度条件下，1^{-2} 煤层开采后底板的垂直应力分布规律如图 6.14 所示，由式（6.5）可得减压条件下煤柱集中应力的合理煤柱错距随基岩厚度的变化规律（图 6.15）。

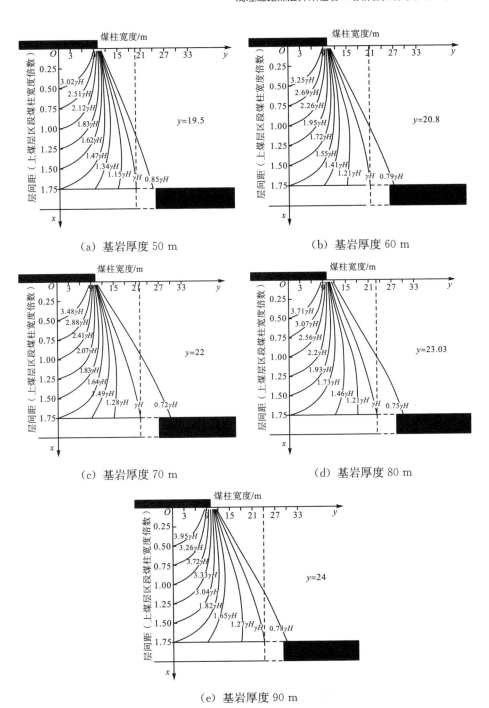

(a) 基岩厚度 50 m　　　　　　　　(b) 基岩厚度 60 m

(c) 基岩厚度 70 m　　　　　　　　(d) 基岩厚度 80 m

(e) 基岩厚度 90 m

图 6.14　不同基岩厚度 1⁻² 煤层开采后底板的垂直应力分布规律

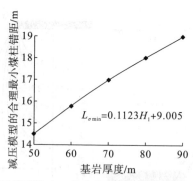

图 6.15 减压模型的合理最小煤柱错距随基岩厚度的变化规律

由图 6.15 可知，其他条件一定时，随着基岩厚度的增加，1^{-2} 煤层与 2^{-2} 煤层的合理煤柱错距增大，总体上，最小煤柱错距与基岩厚度基本呈正相关关系，其线性拟合关系式为：

$$L_{\sigma\min}=0.1123H_1+9.005 \tag{6.8}$$

可见，柠条塔煤矿 1^{-2} 煤层与 2^{-2} 煤层开采，在土层厚度与层间距稳定的情况下，基岩厚度每增加 10 m，基于集中应力控制的合理最小煤柱错距应增大 1.123 m。

2. 土层厚度的影响

根据柠条塔煤矿北翼东区 BNK20－BNK21－BNK25－BNK27 号钻孔数据，该区域基岩厚度变化不大，平均取 $H_1=80$ m，且层间距较为稳定，取 $x=35$ m，土层厚度则在 50～100 m 范围内变化。不同土层厚度条件下，1^{-2} 煤层开采后底板的垂直应力分布规律如图 6.16 所示，由式（6.5）可得减压条件下煤柱集中应力的合理最小减压煤柱错距随土层厚度的变化规律（图 6.17）。

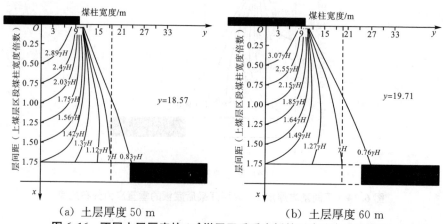

（a）土层厚度 50 m （b）土层厚度 60 m

图 6.16 不同土层厚度的 1^{-2} 煤层开采后底板的垂直应力分布规律

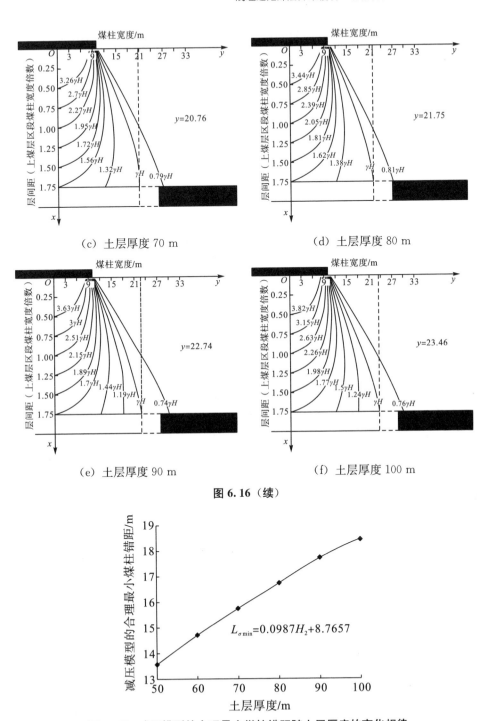

（c）土层厚度 70 m

（d）土层厚度 80 m

（e）土层厚度 90 m

（f）土层厚度 100 m

图 6.16（续）

$$L_{\sigma\min}=0.0987H_2+8.7657$$

图 6.17　减压模型的合理最小煤柱错距随土层厚度的变化规律

由图 6.17 可知，其他条件一定，随着土层厚度的增加，两煤层合理的最小煤柱错距增大，总体上，最小煤柱错距与土层厚度变化也基本呈正相关关系，其线性拟合关系式为：

$$L_{\sigma\min}=0.0987H_2+8.7657 \tag{6.9}$$

可见，柠条塔煤矿 1^{-2} 煤层与 2^{-2} 煤层开采，在基岩厚度与层间距稳定的情况下，土层厚度每增加 10 m，基于集中应力控制的合理最小煤柱错距应增大 0.987 m。

根据上述分析，在基岩厚度与土层厚度变化情况下，合理最小煤柱错距的增加程度相差不大；但其他条件一定时，基岩（土层）厚度每增加 10 m，减压条件下煤柱集中应力的合理最小煤柱错距应增大 1.123 m（0.987 m）。因此，矿井可根据开采煤层覆岩条件的变化来确定基于下煤柱集中应力控制的煤柱错距。

6.4.2 层间距对合理最小煤柱错距的影响

同样地，对于柠条塔煤矿 1^{-2} 煤层与 2^{-2} 煤层开采，其他开采条件一定时（基岩厚度 81.9 m，土层厚度 94.7 m），通过改变层间距分析其对合理煤柱错距的影响。由于柠条塔煤矿北翼东区 1^{-2} 煤层与 2^{-2} 煤层层间距一般在 45 m 以内，因此，研究选取的层间距范围为 5~45 m。

不同层间距条件下，减压条件下煤柱集中应力的合理最小煤柱错距随层间距的变化规律如图 6.18 所示。由图 6.18 可知，合理最小煤柱错距随层间距的变化曲线呈"抛物线"，二者的拟合关系式为：

$$L_{\sigma\min}=-0.01x^2+0.7014x+4.5898 \tag{6.10}$$

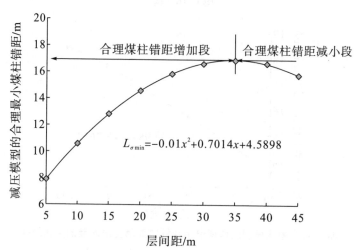

图 6.18　减压模型中的合理最小煤柱错距随层间距的变化规律

根据合理最小煤柱错距与层间距的关系,"抛物线"曲线可以分为两段:

(1) 合理最小煤柱错距增加段。

当层间距 $x \leq 35$ 时,在此区间内,随着层间距的增加,减压条件下煤柱集中应力的合理最小煤柱错距呈降速增加趋势,层间距较小时(浅埋极近距离煤层开采条件下),层间距变化对合理的最小煤柱错距具有显著影响,当层间距 $x = 35$ 时,合理的最小煤柱错距最大,约为 16.9 m。

(2) 合理最小煤柱错距减小段。

当层间距 $35 < x \leq 45$ 时,在此区间内,随着层间距的增加,合理的最小煤柱错距呈现减小趋势。可知,柠条塔煤矿北翼东区开采条件下,当 1^{-2} 煤层和 2^{-2} 煤层的层间距大于 35 m 时,下煤层受上煤层开采后煤柱传递集中应力的影响程度逐渐减小。

6.4.3 最大煤柱错距的主要影响因素

根据式 (6.6) 可知,最大煤柱错距主要与上工作面宽度 L、层间距 $\sum h$ (煤柱底板应力传递模型中的 x) 等因素有关。柠条塔煤矿 1^{-2} 煤层与 2^{-2} 煤层开采,中部增压区范围 l 一般取工作面宽度的 0.2 倍,应力传递角 $\varphi = 29°$,下煤柱宽度 $a_2 = 20$ m,巷道宽度 $b = 5$ m,采用控制变量的方法研究工作面宽度和层间距变化对最大煤柱错距的影响。

在减压模型中,工作面宽度在 200~300 m 之间变化,得到最大煤柱错距随工作面宽度的变化关系(图 6.19),层间距在 5~40 m 之间变化,得到最大煤柱错距随层间距的变化关系(图 6.20)。可见,最大煤柱错距随工作面宽度的增加呈线性增大,却随层间距的增加呈线性减小。工作面宽度每增加 10 m,合理的最大煤柱错距应增大 4 m;层间距每增加 5 m,合理的最大煤柱错距应减小 2.77 m。

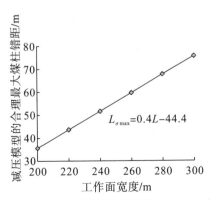

图 6.19 减压模型中的最大煤柱错距随工作面宽度变化关系

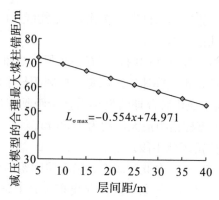

图 6.20　减压模型的最大减压煤柱错距随层间距变化关系

6.4.4　煤柱错距影响因素的敏感性分析

1. 敏感性分析的基本原理

敏感性分析是指从定量分析的角度研究有关因素发生某种变化对某一个或一组关键指标影响程度的一种不确定分析技术。其实质是通过逐一改变相关变量数值的方法来解释关键指标受这些因素变动影响大小的规律。敏感性因素一般可选择主要参数进行分析。若某参数的小幅度变化能导致指标的较大变化，则称此参数为敏感性因素；反之，则称其为非敏感性因素。

因此，采用敏感性分析来研究减压模型中各个影响因素对煤柱错距的影响程度。根据前述研究，合理的最小煤柱错距 $L_{\sigma\min}$ 主要由 $\{H_1, H_2, x\}$ 中的元素决定，在基准状态下（实际开采条件），影响因素集为 $\{80, 94.7, 35\}$。根据实际地层条件，分别令以上各影响因素在其范围内变动，分析其变化对合理最小煤柱错距的影响。

首先，建构敏感性分析的系统模型，易知，最小煤柱错距 $L_{\sigma\min}$ 与影响因素 n 间的函数关系为 $L_{\sigma\min}=\{H_1, H_2, x\}$。其次，分析其中某一参数 n 对 $L_{\sigma\min}$ 的影响时，可令该参数在其范围内变动，从而得到 $L_{\sigma\min}-n$ 的关系曲线。最后，根据曲线可大致了解 $L_{\sigma\min}$ 对参数 n 的敏感性。

但基于以上分析，仅能了解 $L_{\sigma\min}$ 对单个影响因素的敏感行为，而决定 $L_{\sigma\min}$ 的影响因素则是 3 个不同的物理量，单位可能也各不相同，因此需要通过无量纲化处理来比较各影响因素的敏感程度。故定义了无量纲形式的敏感度函数 S 和敏感度因子。敏感度函数 $S(n)$ 为 $L_{\sigma\min}$ 的相对误差与参数的相对误差的比值：

$$S(n) = \left(\frac{|\Delta L_{\sigma \min}|}{L_{\sigma \min}}\right) / \left(\frac{|\Delta n|}{n}\right) = \left|\frac{\Delta L_{\sigma \min}}{\Delta n}\right| \cdot \frac{n}{L_{\sigma \min}} \qquad (6.11)$$

在 $|\Delta n|/n$ 较小的情况下，$S(n)$ 可以近似表示为：

$$S(n) = \left|\frac{\mathrm{d}L_{\sigma \min}}{\mathrm{d}n}\right| \cdot \frac{n}{L_{\sigma \min}} \qquad (6.12)$$

根据式（6.12）可得，影响因素 n 的敏感函数曲线 $S-n$，当 n 取基准值 n^* 时，则可以求得参数的敏感度因子 S^*。S^* 的值越大，则说明 $L_{\sigma \min}$ 对 n 越敏感，通过比较各个参数的敏感度，对各影响因素的敏感性进行评价。

2. 最小煤柱错距影响因素的敏感性分析

根据柠条塔矿井实际开采条件，影响因素 H_1、H_2、x 的取值范围分别为 $H_1 = 50 \sim 90$ m，$H_2 = 50 \sim 100$ m，$x = 5 \sim 45$ m，在前述研究中，已经得到了 $L_{\sigma \min} - H_1$、$L_{\sigma \min} - H_2$ 和 $L_{\sigma \min} - x$ 曲线如图 6.15～图 6.18 所示，并建立了其与三个影响因素之间的关系式式（6.8）～（6.10）。

根据式（6.11）可得，敏感度函数 $S(H_1)$、$S(H_2)$ 和 $S(x)$ 表达式如下：

$$S(H_1) = \frac{0.1123 H_1}{L_{\sigma \min}} = \frac{0.1123 H_1}{0.1123 H_1 + 9.005} \qquad (6.13)$$

$$S(H_2) = \frac{0.0987 H_2}{L_{\sigma \min}} = \frac{0.0987 H_2}{0.0987 H_2 + 8.7657} \qquad (6.14)$$

$$S(x) = |-0.02x + 0.7014| \cdot \frac{x}{L_{\sigma \min}} = \frac{x|-0.02x + 0.7014|}{-0.01x^2 + 0.7014x + 4.5898}$$
$$(6.15)$$

$S(H_1)$、$S(H_2)$ 和 $S(x)$ 的曲线如图 6.21～图 6.23 所示。由图可以看出，$S(H_1)$、$S(H_2)$ 是单调递增函数，即随着 H_1 和 H_2 值的增加，敏感度逐渐增大；而 $S(x)$ 则是一个非单调函数，层间距为 35 m 时，敏感度很低，层间距在 0～5 m 范围内变化，对合理最小煤柱错距的影响较小，当层间距小于 20 m 时对最小错距的影响较大（敏感因子大于 0.4）。将基准值代入式（6.8）～（6.10），可以得到影响因素 H_1、H_2、x 的敏感因子分别为 0.499、0.516 和 0.003，由此可见，在实际开采条件下，基岩和土层厚度对下煤柱集中应力控制的合理最小煤柱错距影响较大，由于层间距 35 m 是一个拐点，因此，层间距在 35 m 左右变化时对最小煤柱错距的影响较小，但在层间距较小的条件下，层间距的影响程度较大。

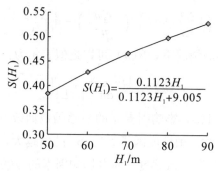

图 6.21　$S-H_1$ 曲线

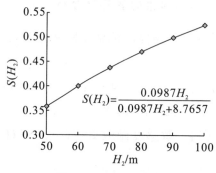

图 6.22　$S-H_2$ 曲线

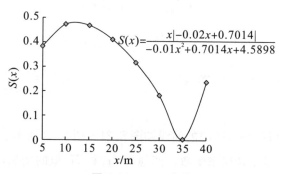

图 6.23　$S-x$ 曲线

3. 最大煤柱错距影响因素的敏感性分析

根据前述研究，合理的最大煤柱错距 $L_{\sigma\,\max}$ 主要由 $\{L,x\}$ 中的元素决定，在基准状态下（实际开采条件），影响因素集为 $\{245,35\}$。根据实际地层条件，分别令以上各影响因素在其取值范围内变动，分析其变化对合理最大煤柱错距的影响。

首先，建构敏感性分析的系统模型，那么最大煤柱错距 $L_{\sigma\,\max}$ 与影响因素

之间的函数关系为 $L_{\sigma\,max} = \{L, x\}$。根据柠条塔矿井实际开采条件，影响因素 $\{L, x\}$ 的取值范围分别为 $L = 200 \sim 300$ m，$x = 5 \sim 45$ m，在前述研究中，已经得到了 $L_{\sigma\,max} - L$ 和 $L_{\sigma\,max} - x$ 曲线（图 6.19、图 6.20），并建立了其与两个主要影响因素之间的关系式 [式（6.16）和式（6.17）]，根据式（6.11）可得敏感度函数 $S(L)$ 和 $S(x)$ 的表达式，分别为式（6.18）和式（6.19）。

$$L_{\sigma\,max} = 0.4L - 44.4 \tag{6.16}$$

$$L_{\sigma\,max} = -0.554x + 74.971 \tag{6.17}$$

$$S(L) = \frac{0.4L}{0.4L - 44.4} \tag{6.18}$$

$$S(x) = \frac{0.554x}{-0.554x + 74.971} \tag{6.19}$$

$S(L)$ 和 $S(x)$ 的曲线如图 6.24 和图 6.25 所示。由图可以看出，$S(L)$ 是单调递减函数，即随着工作面宽度的增大，敏感度的降幅逐渐减小；$S(x)$ 是单调递增函数，即随着层间距的增大，敏感度的增幅逐渐增加。将基准值代入式（6.18）~式（6.19）中，可以得到影响因素 L、x 的敏感因子分别为 1.83 和 0.35。由此可见，在实际开采条件下，工作面宽度对最大煤柱错距的影响比层间距大。

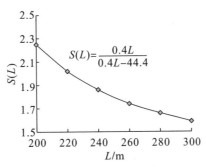

图 6.24 $S - L$ 曲线

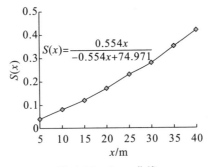

图 6.25 $S - x$ 曲线

6.5 基于位移与裂缝控制的减损模型

6.5.1 位移场和裂隙场耦合控制的减损模型

浅埋近距离煤层的减损开采包括两个方面：一是减缓开采后覆岩与地表的不均匀沉降，二是减小开采后覆岩裂隙与地裂缝的发育程度。用不均匀沉降度来表征地表的不均匀沉降程度（位移场的控制效果），结合物理模拟监测的裂缝宽度及分形理论来表征覆岩裂隙与地裂缝的发育程度（裂隙场控制）。区段煤柱侧地裂缝宽度、不均匀沉降度随煤柱错距的变化关系如图 6.26 所示，结合前述章节可知，区段煤柱侧地裂缝的发育及不均匀沉降度与煤柱错距具有同步关系，即两者随煤柱错距的增大变化规律基本一致，区段煤柱侧覆岩裂隙与地裂缝的发育与煤柱结构息息相关。

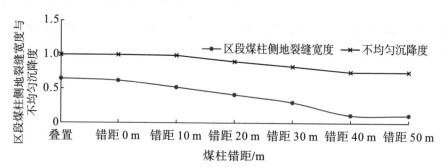

图 6.26　区段煤柱侧地裂缝宽度、不均匀沉降度随煤柱错距的变化关系

当上下煤柱布置处于最优区间时，上煤柱充分沉降，不均匀沉降度最小且稳定，地表不均匀沉降程度大大减缓。同时，区段煤柱侧覆岩裂隙与地裂缝减小或闭合，能实现地裂缝的控制，所以，位移场与裂隙场可以同步实现控制，据此可得到浅埋近距离煤层群开采合理减损煤柱错距范围。浅埋近距离煤层开采的减损模型如图 6.27 所示，图中 α_4 为倾斜离层段岩层的回转角，°。

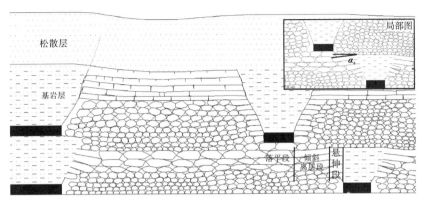

图 6.27 浅埋近距离煤层开采的减损模型

对于浅埋近距离下煤层开采，间隔岩层可以分为处于下煤柱结构区的悬伸段、倾斜离层段和落平段。当上煤柱处于下煤层开采的落平段时，上下煤柱形成"非压实区的分离煤柱群结构"，此时上煤柱充分沉降，可减缓地表的不均匀沉降，减小裂缝的发育。由此可见，减损模型中煤柱错距应大于倾斜离层段和悬伸段水平距离之和。

6.5.2 合理减损煤柱错距的确定

1. 合理的减损煤柱错距

根据减损模型可得合理的煤柱错距 $L_ε$ 为：

$$L_ε \geqslant l_x + l_s \tag{6.20}$$

式中，l_x 为悬伸段的水平长度，m；l_s 为倾斜离层段的水平长度，m。

悬伸段的水平长度 l_x 通过式（6.21）确定：

$$l_x = \frac{\sum h}{\tan α_3} \tag{6.21}$$

倾斜离层段水平长度 l_s 通过式（6.22）确定：

$$l_s = \frac{W_{GK}}{\tan α_4} \tag{6.22}$$

式中，W_{GK} 为下煤层开采后间隔岩层顶部的下沉量，m，可由式（6.23）确定。

因此，可得：

$$L_ε \geqslant \frac{\sum h}{\tan α_3} + \frac{m_2 - (K_p - 1)\sum h_1}{\tan α_4} \tag{6.23}$$

式中，倾斜离层段岩层的回转角 α_4 一般为 $7°\sim8°$。

通过以上煤柱错距的确定，与煤柱叠置的情况相比，其可以减缓地表不均

匀沉降的百分比为 $\dfrac{\min(W_{2nS},W_{2nX})-0.12\big[m+m_2-0.2(h+\sum h_1)\big]}{1.08(m-0.2h)+0.88(m_2-0.2\sum h_1)}\times$

100%。

2. 煤柱减压与地表减损耦合控制的合理煤柱错距

（1）合理煤柱错距的确定。

由于减压模型中的合理煤柱错距与减损模型中的合理煤柱错距存在耦合交集，因此，可得到实现三场耦合控制的合理煤柱错距的确定公式为：

$$L_m=L_\sigma \cap L_\varepsilon \tag{6.24}$$

（2）理论公式的可靠性验证。

通过柠条塔煤矿 1^{-2} 煤层和 2^{-2} 煤层开采对合理煤柱错距公式进行验证。得到基于集中应力控制的 1^{-2} 煤层和 2^{-2} 煤层合理减压煤柱错距 $18.7\,\text{m}\leqslant L_\sigma\leqslant 55.6\,\text{m}$，实现减损开采的合理煤柱错距 $L_\varepsilon\geqslant38.4\,\text{m}$。因此，实现三场耦合控制的煤柱减压与地表减损的合理煤柱错距为 $38.4\sim55.6\text{m}$，与物理模拟、数值计算所得结果基本一致。

6.6 减损模型中的煤柱错距的影响因素分析

根据式（6.23）可知，减损煤柱错距主要与层间距 $\sum h$、下煤层开采的岩层垮落角 α_3、下煤层采高 m_2、间隔岩层倾斜离层段岩层的回转角 α_4、间隔岩层的碎胀系数等因素有关。由于倾斜离层段岩层的回转角 α_4 一般为 $7°\sim8°$，因此主要分析层间距、下煤层采高和下煤层开采的岩层垮落角对合理减损煤柱错距的影响。

6.6.1 合理减损煤柱错距的影响因素

1. 层间距对煤柱错距的影响

根据研究区开采条件，层间距 $\sum h$ 一般为 $15\sim40\,\text{m}$，下煤层采高 $m_2=5\,\text{m}$，下煤层开采的岩层垮落角 $\alpha_3=70°$，倾斜离层段岩层的回转角 $\alpha_4=8°$，由

式（6.23）可得，减损模型中的煤柱错距随层间距的变化如图 6.28 所示。

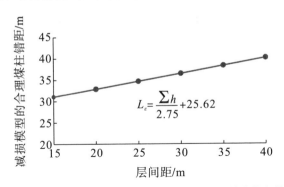

$$L_\varepsilon = \frac{\sum h}{2.75} + 25.62$$

图 6.28　减损模型的合理煤柱错距随层间距的变化规律

由图可知，合理煤柱错距与层间距之间成线性增长关系，层间距从 15 m 增大到 40 m，其他条件一定时，合理煤柱错距应从 31.08 m 增大为 40.18 m。

2. 下煤层采高对减损煤柱错距的影响

根据研究区开采条件，下煤层采高 m_2 一般为 $3\sim5m$，层间距 $\sum h = 35$ m，下煤层开采的岩层垮落角 $\alpha_3 = 70°$，倾斜离层段岩层的回转角 $\alpha_4 = 8°$，由式（6.23）可得，减损模型的煤柱错距随下煤层采高的变化如图 6.29 所示。

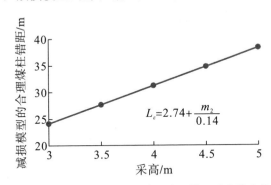

$$L_\varepsilon = 2.74 + \frac{m_2}{0.14}$$

图 6.29　减损模型的合理煤柱错距随下煤层采高的变化规律

由图可知，合理煤柱错距与下煤层采高之间成正比，下煤层采高从 3 m 增大到 5 m，其他条件一定时，合理的减损煤柱错距应从 24.12 m 增大为 38.36 m。

3. 下煤层开采的岩层垮落角对减损煤柱错距的影响

根据研究区开采条件，下煤层开采的岩层垮落角 α_3 一般为 $65°\sim75°$，下煤

层采高 $m_2 = 5\ m$，层间距取 $\sum h = 35\ m$，倾斜离层段岩层的回转角 $\alpha_4 = 8°$，由式（6.23）可得，减损模型的煤柱错距随下煤层岩层垮落角的变化如图 6.30 所示。

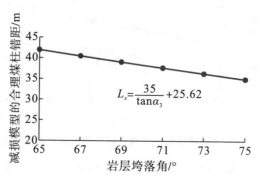

图 6.30 减损模型中的合理煤柱错距随下煤层开采的岩层垮落角的变化规律

由图可知，合理煤柱错距与下煤层开采的岩层垮落角之间成线性减小关系，当岩层垮落角从 65° 增大到 75°，其他条件一定时，合理煤柱错距应从 41.94 m 减小为 35.00 m。

6.6.2　煤柱错距影响因素的敏感性分析

模型中煤柱错距主要由 $\{\sum h, m_2, \alpha_3\}$ 中的元素决定，影响因素的基准集为 $\{35, 5, 70\}$，分别令以上 3 个影响因素在其范围内变动，分析其对煤柱错距的影响。

煤柱错距 L_ε 与影响因素之间的函数关系为 $L_\varepsilon = \{\sum h, m_2, \alpha_3\}$，影响因素的取值范围分别为 $\sum h = 15 \sim 40\ m$，$m_2 = 3 \sim 5\ m$，$\alpha_3 = 65° \sim 75°$，则 $L_{\varepsilon 2} - \sum h$、$L_\varepsilon - m_2$ 和 $L_{\varepsilon 2} - \alpha_3$ 的曲线分别如图 6.28~图 6.30 所示，合理煤柱错距与 3 个主要影响因素的关系式为式（6.25）~式（6.27），敏感度函数 $S(\sum h)$、$S(m_2)$ 和 $S(\alpha_3)$ 关系式为式（6.28）~式（6.30）。

$$L_\varepsilon = \frac{\sum h}{2.75} + 25.62 \tag{6.25}$$

$$L_\varepsilon = 2.74 + \frac{m_2}{0.14} \tag{6.26}$$

$$L_\varepsilon = \frac{35}{\tan \alpha_3} + 25.62 \tag{6.27}$$

$$S\left(\sum h\right) = \frac{\sum h}{\sum h + 70.455} \qquad (6.28)$$

$$S(m_2) = \frac{m_2}{m_2 + 0.3836} \qquad (6.29)$$

$$S(\alpha_3) = \frac{35\alpha_3}{35\sin\alpha_3\cos\alpha_3 + 25.62\sin^2\alpha_3} \qquad (6.30)$$

在各个影响因素取值范围内求解得到 $S\left(\sum h\right)$、$S(m_2)$ 和 $S(\alpha_3)$ 的曲线分别如图 6.31~图 6.33 所示。易知，$S\left(\sum h\right)$、$S(m_2)$ 和 $S(\alpha_3)$ 是单调递增函数，即随着层间距、采高和岩层垮落角的增大，敏感度增加。将影响因素的基准值代入式（6.28）~式（6.30）中，可计算得到上述三个因素的敏感度分别为 0.332、0.929 和 1.262。

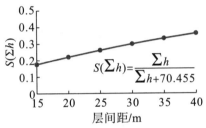

图 6.31　$S - \sum h$ 曲线

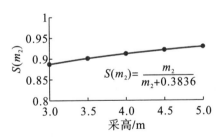

图 6.32　$S - m_2$ 曲线

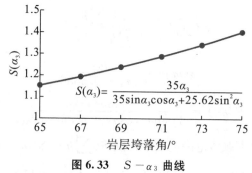

$$S(\alpha_3)= \frac{35\alpha_3}{35\sin\alpha_3\cos\alpha_3+25.62\sin^2\alpha_3}$$

岩层垮落角/°

图 6.33 $S-\alpha_3$ 曲线

由图可知，基于研究区的浅埋近距离煤层的开采条件，即下煤层采高为 $3\sim5$ m，层间距为 $15\sim40$m，下煤层重复采动的岩层垮落角约为 $70°$（取值与岩性等有关），采高和岩层垮落角对煤柱错距的影响比层间距大。

6.7 煤柱减压与地表减损耦合控制方法

6.7.1 煤柱减压控制的关键方法

确定合理煤柱错距是三场耦合控制、实现煤柱减压与地表减损的根本途径，通过分析减压模型中影响因素与煤柱错距间的关系，得到地质条件变化下的合理煤柱错距。

避开上煤柱传递集中应力的最小煤柱错距：基于研究区基岩厚度 $50\sim90$ m，土层厚度 $50\sim100$ m，层间距 $5\sim40$ m 的开采条件，主要受基岩与土层的厚度及容重、基岩与土层破断角、区段煤柱宽度、层间距和下煤层巷道宽度等因素影响。基岩厚度与土层厚度以及层间距是主要的影响因素，基岩厚度和土层厚度对合理最小煤柱错距影响较大，层间距对其影响相对较小。合理最小煤柱错距随层间距的变化呈"抛物线"状，曲线的"拐点"即最小煤柱错距的最大值，层间距在"拐点"附近变化时对合理最小煤柱错距的影响不明显。层间距小于"拐点"值时，随着层间距的增大，为了避开上煤柱传递集中应力，合理最小煤柱错距应增大；层间距大于"拐点"值时，随着层间距的增大，上煤柱传递集中应力的影响不明显，合理最小煤柱错距可减小。

避开上采空区中部增压区的最大煤柱错距：基于研究区上煤层工作面宽度 $200\sim300$ m，层间距 $5\sim40$ m 的开采条件，主要受工作面宽度、上采空区增压区范围和层间距等因素影响，工作面宽度变化对最大煤柱错距的影响比层间距大。随着工作面宽度的增大，敏感度减小，对最大煤柱错距的影响程度减小；随着层间距的增大，敏感度增大，对最大减压煤柱错距的影响程度增大。

6.7.2　地表减损控制的关键方法

减损模型中煤柱错距的主要影响因素有层间距、下煤层的采高、下煤层开采的岩层垮落角等，基于研究区开采条件（下煤层采高一般为 3~5 m，层间距一般为 15~40 m，下煤层开采的岩层垮落角为 65°~75°），合理煤柱错距与层间距、下煤层采高之间基本成正相关关系，即层间距增大 5 m，合理煤柱错距应增大 1.82 m，下煤层采高增大 0.5 m，合理的减损煤柱错距应增大 3.56 m；却与下煤层开采的岩层垮落角之间成负相关关系，即下煤层开采的岩层垮落角增大 5°，合理煤柱错距减小 3.47 m。

6.7.3　煤柱减压与地表减损耦合控制方法

通过建构减压模型和减损模型，给出了减压煤柱错距和减损煤柱错距计算方法，当开采条件一定时，可计算得出合理减压煤柱错距和减损煤柱错距的范围，取交集可得煤柱减压与地表减损耦合控制的合理煤柱错距。当矿井不同区域的开采条件变化时，结合影响因素变化对减压与减损模型中煤柱错距的分析，也能得到开采条件变化后的区段煤柱错距。

6.8　三层煤开采的煤柱减压与地表减损耦合控制

本书研究了两层煤开采的三场演化规律，提出了煤柱减压与地表减损耦合控制方法，以上研究方法，同样可以应用于三层煤开采。基于两层煤开采减压模型和减损模型的研究，可类似地建构三层煤开采的减压模型与减损模型。

1. 基于集中应力控制的减压模型

借鉴前述研究，建构三层煤开采的最小煤柱错距减压模型（图 6.34）。

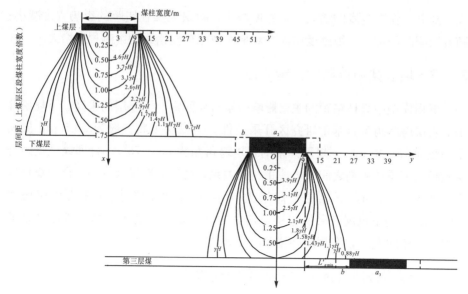

图 6.34　三层煤开采的最小煤柱错距减压模型

可得第二层煤和第三层煤的最小煤柱错距为：

$$L'_{\sigma\min} \geqslant y - \frac{a_2}{2} + b \tag{6.31}$$

同理得到第二层煤和第三层煤的最大煤柱错距为：

$$L'_{\sigma\max} = \frac{1}{2}(L - l_{增}) - \sum h' \cdot \tan\varphi' - a_3 - b \tag{6.32}$$

式中，$\sum h'$ 为第二层煤和第三层煤的层间距，m；a_3 为第三层煤的区段煤柱宽度，m。

那么，减压模型中第三层煤开采时，基于集中应力控制的合理煤柱错距 L'_σ 为：

$$L'_{\sigma\min} \leqslant L'_\sigma \leqslant L'_{\sigma\max} \tag{6.33}$$

式中，L'_σ 为第二层煤和第三层煤区段煤柱的边对边煤柱错距，m。

在柠条塔煤矿 1^{-2} 煤层和 2^{-2} 煤层区段煤柱错距取 40 m 的前提下，根据 2^{-2} 煤层和 3^{-1} 煤层开采条件，煤层间距平均为 35 m，由于 2^{-2} 煤层工作面中部之上为 1^{-2} 煤层工作面采空区，因此，2^{-2} 煤层工作面增压区的传递角减小，约为 8°，代入式（6.31）和式（6.32）可得 2^{-2} 煤层和 3^{-1} 煤层的合理煤柱错距为 16 m$\leqslant L'_\sigma \leqslant$70 m。

2. 基于位移场和裂隙场控制的减损模型

根据前述研究，在减损模型中顶部第一层煤和第二层煤科学布置的前提下，当第三层煤开采时，为了实现位移场和裂隙场控制的减损开采，应使第二层煤的煤柱充分下沉，处于第三层煤层开采的落平段，借鉴两层煤开采的煤柱错距的确定方法，得到第三层煤开采的合理煤柱错距 L'_ε 为：

$$L'_\varepsilon \geqslant l'_x + l'_s \tag{6.34}$$

式中，l'_x 为第三层煤开采间隔岩层悬伸段的水平长度，m；l'_s 为第三层煤开采间隔岩层倾斜离层段的水平长度，m。

第三层煤开采悬伸段和倾斜离层段的长度分别由式（6.35）和（6.36）确定。

$$l'_x = \frac{\sum h'}{\tan \alpha_5} \tag{6.35}$$

$$l'_s = \frac{W'_{GK}}{\tan \alpha_4} \tag{6.36}$$

式中，W'_{GK} 为第三层煤开采后间隔岩层顶部的下沉量，m，可由式（6.37）确定：

$$W_{GK}' = m_3 - (K_p - 1) \sum h_2 \tag{6.37}$$

式中，α_5 为第三层煤开采的岩层垮落角，°；m_3 为第三层煤的采高，m；$\sum h_2$ 为第三层煤开采的直接顶厚度，m。

因此，第三层煤开采的合理减损煤柱错距 L'_ε 为：

$$L'_\varepsilon \geqslant \frac{\sum h'}{\tan \alpha_5} + \frac{m_3 - (K_p - 1) \sum h_2}{\tan \alpha_4} \tag{6.38}$$

在柠条塔煤矿 1^{-2} 煤层和 2^{-2} 煤层区段煤柱错距取 40 m 的前提下，根据 2^{-2} 煤层和 3^{-1} 煤层开采条件，代入式（6.38）可计算得到实现第三层煤减损开采的合理区段煤柱错距 $L'_\varepsilon \geqslant 26$ m。

综上可知，实现煤柱减压与地表减损耦合控制的合理煤柱错距为 $L'_m = L'_\sigma \cap L'_\varepsilon = 26 \sim 70$ m。由于第三层煤开采时上部已经经过两次采动，工作面中部传递的应力已经相对不大，因此，在此区间内，煤柱错距越大，越有利于三层煤开采后的地表减损，故 2^{-2} 煤层和 3^{-1} 煤层开采的合理区段煤柱错距为 70 m。

参考文献

[1] 钱鸣高. 煤炭产业特点与科学发展 [J]. 中国煤炭，2006，32（11）：5－8.

[2] 钱鸣高，缪协兴，许家林，等. 论科学采矿 [J]. 采矿与安全工程学报，2008（1）：1－10.

[3] 钱鸣高. 煤炭的科学开采 [J]. 煤炭学报，2010，35（4）：529－534.

[4] 钱鸣高，许家林. 科学采矿的理念与技术框架 [J]. 中国矿业大学学报（社会科学版），2011，13（3）：1－7，23.

[5] 钱鸣高，许家林，王家臣. 再论煤炭的科学开采 [J]. 煤炭学报，2018，43（1）：1－13.

[6] 王双明，段中会，马丽，等. 西部煤炭绿色开发地质保障技术研究现状与发展趋势 [J]. 煤炭科学技术，2019，47（2）：1－6.

[7] 中华人民共和国自然资源部. 中国矿产资源报告. 2019 [M]. 北京：地质出版社，2019.

[8] 神华神东煤炭集团有限责任公司. 超低百万吨死亡率是如何产生的 [N]. 榆林日报，2012－1－17（4）.

[9] 王双明，黄庆享，范立民，等. 生态脆弱矿区煤炭开发与生态水位保护 [M]. 北京：科学出版社，2010.

[10] 赵雁海，宋选民，刘宁波. 浅埋煤层群中煤柱稳定性及巷道布置优化研究 [J]. 煤炭科学技术，2015，43（12）：12－17.

[11] 韦宝宁. 冯家塔煤矿浅埋近距离煤层回采巷道支护参数优化研究 [D]. 西安：西安科技大学，2019.

[12] 范立民，马雄德，李永红，等. 西部高强度采煤区矿山地质灾害现状与防控技术 [J]. 煤炭学报，2017，42（2）：276－285.

[13] 张艳娜，杨泽元，史晓琼，等. 陕北生态脆弱矿区采煤引起的地表变形研究现状 [J]. 煤炭技术，2016，35（1）：118－120.

[14] 丁慧，杨利军. 陕北煤炭资源开采过程中的生态破坏及治理措施 [J]. 内蒙古煤炭经济，2013（6）：153，165.

[15] 陶虹，李成，柴小兵，等. 陕西神府煤田环境地质问题及成因 [J]. 地质与资源，2010，19（3）：249—252.

[16] 孙愿，王珑莺，武征. 榆林孙家岔煤矿建设工程环境影响评价 [C] // 2003 年全国矿山环境保护学术研讨会论文集，2003.

[17] 钱鸣高，刘昕成. 矿山压力及其控制 [M]. 北京：煤炭工业出版社，1984.

[18] 任德惠. 缓斜煤层采场压力分布规律与合理巷道布置 [M]. 北京：煤炭工业出版社，1982.

[19] HOLLA L, BUIZEN M. Strata movement due to shallow longwall mining and the effect on ground permeability [J]. AusIMM Proceedings, 1990, 295 (1): 11—18.

[20] SHITH G J, ROSENBAUM M S. Recent underground investigation of abandoned chalk mine workings beneath Norwich City, Norfolk [J]. Engineering Geology, 1993, 36 (1—2): 67—68.

[21] MILLER R D, STEEPLES D W, SCHULTE L. Shallow seismic reflection study of a salt dissolution well field near Hutchinson, KS [J]. Mining Engineering, 1993, 45 (10).

[22] HENSON H, SEXTON J L. Premine study of shallow coal seams using high-resolution seismic refliection methods [J]. Geophysics, 1991, 56 (9): 1494—1503.

[23] KAPUSTA K, STANCZYK K, WIATOWSKI M, et al. Environmental aspects of a field-scale underground coal gasification trial in a shallow coal seam at the Experimental Mine Barbara in Poland [J]. Fuel, 2013 (113): 196—208.

[24] SOUKUP K, HEJTMÁNEK V, ČAPEK P, et al. Modeling of contaminant migration through porous media after underground coal gasification in shallow coal seam [J]. Fuel Processing Technology, 2015, 140: 188—197.

[25] 石建新，侯忠杰，何振芳. 浅埋工作面矿压显现规律 [J]. 矿山压力与顶板管理，1992（2）：33—37，79—81.

[26] 侯忠杰，石建新，金立斋. 神府浅埋深煤层工作面矿山压力分析 [J]. 陕西煤炭技术，1992（2）：29—32.

[27] 张李节，侯忠杰. 浅埋工作面超前支承压力分布规律 [J]. 矿山压力与顶

板管理，1994（4）：23—25.

[28] 黄庆享，李树刚. 浅埋薄基岩煤层顶板破断及控制 [J]. 矿山压力与顶板管理，1995（Z1）：22—25，197.

[29] 石平五，侯忠杰. 神府浅埋煤层顶板破断运动规律 [J]. 西安矿业学院学报，1996（3）：7—9，16—19.

[30] 赵宏珠. 浅埋采动煤层工作面矿压规律研究 [J]. 矿山压力与顶板管理，1996（2）：23—27.

[31] 宋志，张凤翔. 厚流动砂层下浅埋工作面矿压显现规律研究 [J]. 阜新矿业学院学报（自然科学版），1996（1）：123—125.

[32] 黄庆享. 采场老顶初次来压的结构分析 [J]. 岩石力学与工程学报，1998，17（5）：43—48.

[33] 黄庆享，钱鸣高，石平五. 浅埋煤层采场老顶周期来压的结构分析 [J]. 煤炭学报，1999（6）：581—585.

[34] 李正昌. 浅埋综采面矿压显现及其控制 [J]. 矿山压力与顶板管理，2001（1）：26—27.

[35] 黄庆享. 浅埋煤层的矿压特征与浅埋煤层定义 [J]. 岩石力学与工程学报，2002，21（8）：1174—1177.

[36] 黄庆享. 浅埋煤层长壁开采顶板结构理论与支护阻力确定 [J]. 矿山压力与顶板管理，2002，19（1）：70—72.

[37] 黄庆享. 浅埋煤层厚沙土层顶板关键块动态载荷分布规律 [J]. 煤田地质与勘探，2003，31（6）：22—25.

[38] 黄庆享. 浅埋煤层采动厚砂土层破坏规律模拟 [J]. 长安大学学报（自然科学版），2003，23（4）：25—27.

[39] 黄庆享，刘文岗，张沛，等. 动载荷智能数据实时采集系统开发及其应用 [J]. 西安科技大学学报，2004，24（4）：402—405.

[40] 黄庆享，张沛. 厚砂土层下顶板关键块上的动态载荷传递规律 [J]. 岩石力学与工程学报，2004，23（24）：4179—4182.

[41] 黄庆享. 浅埋采场初次来压顶板砂土层载荷传递研究 [J]. 岩土力学，2005，26（6）：881—883.

[42] 黄庆享. 厚沙土层在顶板关键层上的载荷传递因子研究 [J]. 岩土工程学报，2005，27（6）：672—676.

[43] 范立民. 神木矿区的主要环境地质问题 [J]. 水文地质工程地质，1992（6）：37—40.

[44] 黄庆享，刘腾飞. 浅埋煤层开采隔水层位移规律相似模拟研究 [J]. 煤田地质与勘探，2006，34（5）：34−37.

[45] 许家林，尤琪，朱卫兵，等. 条带充填控制开采沉陷的理论研究 [J]. 煤炭学报，2007，32（2）：119−122.

[46] 张杰，余学义，成连华. 浅煤层长壁间隔工作面隔水土层破坏机理 [J]. 辽宁工程技术大学学报（自然科学版），2008，27（6）：801−804.

[47] 黄庆享. 浅埋煤层覆岩隔水性与保水开采分类 [J]. 岩石力学与工程学报，2010，29（S2）：3622−3627.

[48] 黄庆享，蔚保宁，张文忠. 浅埋煤层黏土隔水层下行裂隙弥合研究 [J]. 采矿与安全工程学报，2010，27（1）：35−39.

[49] 张吉雄，李剑，安泰龙，等. 矸石充填综采覆岩关键层变形特征研究 [J]. 煤炭学报，2010，35（3）：357−362.

[50] 王双明，范立民，黄庆享，等. 基于生态水位保护的陕北煤炭开采条件分区 [J]. 矿业安全与环保，2010，37（3）：81−83.

[51] 师本强. 陕北浅埋煤层砂土基型矿区保水开采方法研究 [J]. 采矿与安全工程学报，2011，28（4）：548−552.

[52] 李涛，李文平，常金源，等. 陕北近浅埋煤层开采潜水位动态相似模型试验 [J]. 煤炭学报，2011，36（5）：722−726.

[53] 黄庆享，张文忠. 浅埋煤层条带充填隔水岩组力学模型分析 [J]. 煤炭学报，2015，40（5）：973−978.

[54] 黄庆享. 浅埋煤层保水开采岩层控制研究 [J]. 煤炭学报，2017，42（1）：50−55.

[55] 马立强，张东升，董正筑. 隔水层裂隙演变机理与过程研究 [J]. 采矿与安全工程学报，2011，28（3）：340−344.

[56] 黄庆享，马龙涛，董博，等. 大采高工作面等效直接顶与顶板结构研究 [J]. 西安科技大学学报，2015，35（5）：541−546.

[57] 薛东杰，周宏伟，任伟光，等. 浅埋煤层超大采高开采柱式崩塌模型及失稳 [J]. 煤炭学报，2015，40（4）：760−765.

[58] 黄庆享，周金龙. 浅埋煤层大采高工作面矿压规律及顶板结构研究 [J]. 煤炭学报，2016，41（S2）：279−286.

[59] 黄庆享，周金龙，马龙涛，等. 近浅埋煤层大采高工作面双关键层结构分析 [J]. 煤炭学报，2017，42（10）：2504−2510.

[60] 李瑞群，陈苏社. 浅埋深 7 m 大采高综采工作面顶板灾害防治技术研

究 [J]. 煤炭工程，2017，49（Z2）：9-13.

[61] 黄庆享，黄克军，赵萌烨. 浅埋煤层群大采高采场初次来压顶板结构及支架载荷研究 [J]. 采矿与安全工程学报，2018，35（5）：940-944.

[62] 黄庆享，徐璟，杜君武. 浅埋煤层大采高工作面支架合理初撑力确定 [J]. 采矿与安全工程学报，2019，36（3）：491-496.

[63] 黄庆享，贺雁鹏，李锋，等. 浅埋薄基岩大采高工作面顶板破断特征和来压规律 [J]. 西安科技大学学报，2019，39（5）：737-744.

[64] 王路军，朱卫兵，许家林，等. 浅埋深极近距离煤层工作面矿压显现规律研究 [J]. 煤炭科学技术，2013，41（3）：47-50.

[65] 杨敬轩，刘长友，杨宇，等. 浅埋近距离煤层房柱采空区下顶板承载及房柱尺寸 [J]. 中国矿业大学学报，2013，42（2）：161-168.

[66] 张金山，张宇忠，董川龙. 浅埋房柱式采空区下极近距离煤层综采矿压规律 [J]. 煤炭科学技术，2015（S1）：26-28，58.

[67] 任艳芳. 浅埋深近距离煤层矿压及覆岩运动规律研究 [J]. 煤炭科学技术，2015，43（7）：11-14.

[68] 杨俊哲. 浅埋近距离煤层过上覆采空区及煤柱动压防治技术 [J]. 煤炭科学技术，2015，43（6）：9-13，40.

[69] 孔令海，王永仁，李少刚. 房柱采空区下回采工作面覆岩运动规律研究 [J]. 煤炭科学技术，2015，43（5）：26-29.

[70] 王孝义，宋选民，陈春慧，等. 极近距煤层矿压显现强度的间距影响规律研究 [J]. 采矿与安全工程学报，2016，33（1）：116-121.

[71] 黄克军，黄庆享，赵萌烨. 浅埋大采高煤层群开采覆岩结构及矿压特征分析 [J]. 煤炭工程，2017，49（4）：70-73.

[72] 黄庆享，曹健，贺雁鹏. 浅埋极近距采空区下工作面顶板结构及支架载荷分析 [J]. 岩石力学与工程学报，2018，37（S1）：3153-3159.

[73] 黄庆享，曹健，贺雁鹏，等. 浅埋近距离煤层群分类及其采场支护阻力确定 [J]. 采矿与安全工程学报，2018，35（6）：1177-1184.

[74] 王创业，张玺，王洪麒. 浅埋近距离煤层过上覆采空区及煤柱矿压显现规律 [J]. 煤矿安全，2016，47（7）：55-58.

[75] 张杰，王斌，杨涛，等. 韩家湾煤矿浅埋近距房柱式采空区下开采动载研究 [J]. 西安科技大学学报，2017，37（6）：801-806.

[76] 杜锋，袁瑞甫，郑金雷，等. 浅埋近距离煤层煤柱下开采异常矿压机理 [J]. 煤炭学报，2017，42（S1）：24-29.

[77] 徐敬民，朱卫兵，鞠金峰. 浅埋房采区下近距离煤层开采动载矿压机理 [J]. 煤炭学报，2017，42（2）：500－509.

[78] 宋选民，窦江海. 浅埋煤层回采巷道合理煤柱宽度的实测研究 [J]. 矿山压力与顶板管理，2002，20（3）：31－33，35.

[79] 侯忠杰，张杰. 砂土基型浅埋煤层保水煤柱稳定性数值模拟 [J]. 岩石力学与工程学报，2005，24（13）：2255－2259.

[80] 解兴智. 浅埋煤层房柱式采空区顶板－煤柱稳定性研究 [J]. 煤炭科学技术，2014，42（7）：1－4，9.

[81] 王金安，赵志宏，侯志鹰. 浅埋坚硬覆岩下开采地表塌陷机理研究 [J]. 煤炭学报，2007，32（10）：1051－1056.

[82] 任艳芳，齐庆新. 浅埋煤层长壁开采围岩应力场特征研究 [J]. 煤炭学报，2011，36（10）：1612－1618.

[83] 李少刚. 极浅埋煤层采动应力及煤柱宽度留设研究 [J]. 煤矿安全，2018，49（5）：222－225.

[84] 张百胜，杨双锁，康立勋，等. 极近距离煤层回采巷道合理位置确定方法探讨 [J]. 岩石力学与工程学报，2008，27（1）：97－101.

[85] 方新秋，郭敏江，吕志强. 近距离煤层群回采巷道失稳机制及其防治 [J]. 岩石力学与工程学报，2009，28（10）：2059－2067.

[86] 杨伟，刘长友，黄炳香，等. 近距离煤层联合开采条件下工作面合理错距确定 [J]. 采矿与安全工程学报，2012，29（1）：101－105.

[87] 白庆升，屠世浩，王方田，等. 浅埋近距离房式煤柱下采动应力演化及致灾机制 [J]. 岩石力学与工程学报，2012，31（S2）：3772－3778.

[88] 孔德中，王兆会，任志成. 近距离煤层综放回采巷道合理位置确定 [J]. 采矿与安全工程学报，2014，31（2）：270－276.

[89] 赵雁海，宋选民，刘宁波. 浅埋煤层群中煤柱稳定性及巷道布置优化研究 [J]. 煤炭科学技术，2015，43（12）：12－17.

[90] 张付涛，卜永强，魏陆海，等. 冲沟地貌间隔式煤柱下应力分布规律的研究 [J]. 煤炭工程，2016，48（9）：102－105.

[91] WEN Z J, QU G L, WEN J H, et al. Deformation failure characteristics of coal body and mining induced stress evolution law [J]. The Scientific World Journal，2014，2014：1－8.

[92] SHNORHOKIAN S, MITRI H S, THIBODEAU D. Numerical simulation of pre-mining stress field in a heterogeneous rockmass [J].

International Journal of Rock Mechanics and Mining Sciences，2014 (66)：13−18.

[93] XIE J，XU J L，WANG F. Mining-induced stress distribution of the working face in a kilometer-deep coal mine—a case study in Tangshan coal mine [J]. Journal of Geophysics and Engineering，2018，15（5）：2060−2070.

[94] GAO M Z，ZHANG R，XIE J，et al. Field experiments on fracture evolution and correlations between connectivity and abutment pressure under top coal caving conditions [J]. International Journal of Rock Mechanics and Mining Sciences，2018，111：84−93.

[95] ZHANG M，SHIMADA H，SASAOKA T，et al. Evolution and effect of the stress concentration and rock failure in the deep multi-seam coal mining [J]. Environmental Earth Sciences，2014，72（3）：629−643.

[96] YIN H Y，LEFTICARIU L，WEI J，et al. In situ dynamic monitoring of stress revolution with time and space under coal seam floor during longwall mining [J]. Environmental Earth Sciences，2016，75（18）：1249.

[97] ZHAO Y H，WANG S，HAGAN P，et al. Evolution characteristics of pressure-arch and elastic energy during shallow horizontal coal mining [J]. Tehnički Vjesnik，2018，25（3）：867−875.

[98] ZHU G，DOU L，LI Z，et al. Mining-induced stress changes and rock burst control in a variable-thickness coal seam [J]. Arabian Journal of Geosciences，2016，9（5）. DOI：10.1007/s12517−016−2356−3.

[99] GUO H，YUAN L，SHEN B，et al. Mining-induced strata stress changes, fractures and gas flow dynamics in multi-seam longwall mining [J]. International Journal of Rock Mechanics and Mining Sciences，2012，54：129−139.

[100] 李德海，李晓峰，孔国华，等. 浅埋多煤层条带开采地表移动特征 [J]. 采矿与安全工程学报，1997（Z1）：72−74，91.

[101] 汤伏全，姚顽强，夏玉成. 薄基岩下浅埋煤层开采地表沉陷预测方法 [J]. 煤炭科学技术，2007，35（6）：103−105，66.

[102] 张聚国，栗献中. 昌汉沟煤矿浅埋深煤层开采地表移动变形规律研究 [J]. 煤炭工程，2010（11）：74−76.

[103] 余学义, 王鹏, 李星亮. 大采高浅埋煤层开采地表移动变形特征研究 [J]. 煤炭工程, 2012, 7 (7): 61−63, 67.

[104] 李杰, 贾新果, 陈清通. 浅埋厚煤层综放开采地表移动规律实测研究 [J]. 煤炭科学技术, 2012, 40 (4): 108−110, 115.

[105] 陈凯, 张俊英, 贾新果, 等. 浅埋煤层综采工作面地表移动规律研究 [J]. 煤炭科学技术, 2015, 43 (4): 127−130, 70.

[106] 郭文兵, 王金帅, 李圣军. 浅埋厚煤层高强度开采地表移动规律实测研究 [J]. 河南理工大学学报, 2016, 35 (4): 470−475.

[107] 陈俊杰, 南华, 闫伟涛, 等. 浅埋深高强度开采地表动态移动变形特征 [C]//34届国际采矿岩层控制会议论文集, 2015.

[108] 刘文岗, 陈涛, 姚纪凯, 等. 杭来湾煤矿近浅埋煤层开采覆岩运动及地表移动规律研究 [J]. 采矿与安全工程学报, 2017, 34 (6): 1141−1147.

[109] 徐乃忠, 高超, 吴太平. 浅埋深高强度综采地表沉陷规律实测研究 [J]. 煤炭科学技术, 2017, 45 (10): 150−154, 202.

[110] 刘义新. 我国浅埋煤层快速开采下地表沉陷规律研究现状与展望 [J]. 煤矿安全, 2018, 49 (4): 205−207, 211.

[111] 凡奋元. 柠条塔煤矿煤层群斜交叠置开采地表移动变形规律研究 [D]. 西安: 西安科技大学, 2018.

[112] 付玉平, 宋选民, 邢平伟, 等. 浅埋厚煤层大采高工作面顶板岩层断裂演化规律的模拟研究 [J]. 煤炭学报, 2012, 37 (3): 366−371.

[113] 王正帅, 柴敬, 王帅, 等. 杭来湾矿近浅埋煤层开采覆岩移动研究 [J]. 煤炭技术, 2014, 33 (8): 111−114.

[114] 高召宁, 应治中, 王辉. 薄基岩厚风积沙浅埋煤层覆岩变形破坏规律研究 [C]//第七届中国矿山数字与智能技术装备大会论文集, 2017.

[115] 郭文兵, 白二虎, 赵高博. 高强度开采覆岩地表破坏及防控技术现状与进展 [J]. 煤炭学报, 2020, 45 (2): 509−523.

[116] ZUO J, SUN Y, LI Y, et al. Rock strata movement and subsidence based on MDDA, an improved discontinuous deformation analysis method in mining engineering [J]. Arabian Journal of Geosciences, 2017, 10: 1−9.

[117] YANG Z F, LI Z, ZHU J J, et al. InSAR-based model parameter estimation of probability integral method and its application for

predicting mining-induced horizontal and vertical displacements [J]. IEEE Trans Geoscience and Remote Sensing, 2016, 54 (8): 4818−4832.

[118] SLAKER B A, WESTMAN E C. Identifying underground coal mine displacement through field and laboratory laser scanning [J]. Journal of Applied Remote Sensing, 2014, 8 (1). DOI: 10.1117/1.JRS.8.083544.

[119] ZHOU D W, WU K, CHENG G L, et al. Mechanism of mining subsidence in coal mining area with thick alluvium soil in China [J]. Arabian Journal of Geosciences, 2015, 8 (4): 1855−1867.

[120] GHABRAIE B, REN G, SMITH J V. Characterising the multi-seam subsidence due to varying mining configuration, insights from physical modelling [J]. International Journal of Rock Mechanics and Mining Sciences, 2017, 93: 269−279.

[121] ZHOU D W, WU K, LI L, et al. A new methodology for studying the spreading process of mining subsidence in rock mass and alluvial soil: an example from the Huainan coal mine, China [J]. Bulletin of Engineering Geology and the Environment, 2016, 75 (3): 1067−1087.

[122] GHABRAIE B, REN G, BARBATO J, et al. A predictive methodology for multi-seam mining induced subsidence [J]. International Journal of Rock Mechanics and Mining Sciences, 2017 (93): 280−294.

[123] ZHANG X, YU H, DONG J, et al. A physical and numerical model-based research on the subsidence features of overlying strata caused by coal mining in Henan, China [J]. Environmental Earth Sciences, 2017, 76 (20). DOI: 10.1007/s12265−017−6979−9.

[124] 李振华, 丁鑫品, 程志恒. 薄基岩煤层覆岩裂隙演化的分形特征研究 [J]. 采矿与安全工程学报, 2010, 27 (4): 576−580.

[125] 黄炳香, 刘长友, 许家林. 采动覆岩破断裂隙的贯通度研究 [J]. 中国矿业大学学报, 2010, 39 (1): 45−49.

[126] 林海飞, 李树刚, 成连华, 等. 覆岩采动裂隙带动态演化模型的实验分析 [J]. 采矿与安全工程学报, 2011, 28 (2): 298−303.

[127] 刘辉, 何春桂, 邓喀中, 等. 开采引起地表塌陷型裂缝的形成机理分

析 [J]. 采矿与安全工程学报，2013，30（3）：380−384.

[128] 贾后省，马念杰，赵希栋. 浅埋薄基岩采煤工作面上覆岩层纵向贯通裂隙 "张开—闭合" 规律 [J]. 煤炭学报，2015，40（12）：2787−2793.

[129] 高超，徐乃忠，倪向忠，等. 煤矿开采引起地表裂缝发育宽度和深度研究 [J]. 煤炭工程，2016，48（10）：81−83，87.

[130] 李树清，何学秋，李绍泉，等. 煤层群双重卸压开采覆岩移动及裂隙动态演化的实验研究 [J]. 煤炭学报，2013，38（12）：2146−2152.

[131] 田成林，宁建国，谭云亮，等. 多次采动条件下浅埋覆岩裂隙带发育规律 [J]. 煤矿安全，2014，45（11）：45−47，52.

[132] 薛东杰，周宏伟，任伟光，等. 浅埋深薄基岩煤层组开采采动裂隙演化及台阶式切落形成机制 [J]. 煤炭学报，2015，40（8）：1746−1752.

[133] 李树刚，秦伟博，李志梁，等. 重复采动覆岩裂隙网络演化分形特征 [J]. 辽宁工程技术大学学报，2016，35（12）：1384−1389.

[134] 黄庆享，杜君武，侯恩科，等. 浅埋煤层群覆岩与地表裂隙发育规律和形成机理研究 [J]. 采矿与安全工程学报，2019，36（1）：7−15.

[135] 黄庆享，韩金博. 浅埋近距离煤层开采裂隙演化机理研究 [J]. 采矿与安全工程学报，2019，36（4）：706−711.

[136] HUANG Q X, HE Y P, CAO J. Experimental investigation on crack development characteristics in shallow coal seam mining in China [J]. Coal Internation, 2019, 267（5）：26−38.

[137] WANG H, ZHANG D, WANG X, et al. Visual exploration of the spatiotemporal evolution law of overburden failure and mining-induced fractures：a case study of the Wangjialing coal mine in China [J]. Minerals, 2017, 7（3）：35.

[138] YAN W, DAI H, CHEN J. Surface crack and sand inrush disaster induced by high-strength mining：example from the Shendong coal field, China [J]. Geosciences Journal, 2018, 22（2）：347−357.

[139] SUN L, XIE Y, XIAO H. Numerical analysis of stress fields and crack growths in the floor strata of coal seam for longwall mining [J]. Mathematical Problems in Engineering, 2018, 2018：1−12.

[140] WANG G, WU M, WANG R, et al. Height of the mining-induced fractured zone above a coal face [J]. Engineering Geology, 2017, 216：140−152.

[141] LV X F, ZHOU H Y, WANG Z W, et al. Movement and failure law of slope and overlying strata during underground mining [J]. Journal of Geophysics and Engineering, 2018, 15 (4): 1638-1650.

[142] MA C Q, LI H Z, NIU Y. Experimental study on damage failure mechanical characteristics and crack evolution of water-bearing surrounding rock [J]. Environmental Earth Sciences, 2018, 77 (1). DOI: 10.1007/s12665-017-7209-1.

[143] Yang J H, Yu X, Yang Y, et al. Physical simulation and theoretical evolution for ground fissures triggered by underground coal mining [J]. PloS One, 2018, 13 (3): e0192886.

[144] 徐军, 神文龙, 李思超, 等. 残留煤柱沿空掘巷围岩应力场及位移场分布 [J]. 煤矿安全, 2015, 46 (12): 38-41.

[145] 高召宁, 孟祥瑞, 郑志伟. 采动应力效应下的煤层底板裂隙演化规律研究 [J]. 地下空间与工程学报, 2016, 12 (1): 90-95.

[146] 程志恒, 齐庆新, 李宏艳, 等. 近距离煤层群叠加开采采动应力-裂隙动态演化特征实验研究 [J]. 煤炭学报, 2016, 41 (2): 367-375.

[147] 许昭勇, 宋大钊, 邱黎明, 等. 煤层水力压裂过程"三场"演化规律特征 [J]. 工矿自动化, 2016, 42 (3): 39-43.

[148] 张阳, 高召宁, 赵启峰, 等. 浅埋薄基岩煤层覆岩应力效应及变形破坏分析 [J]. 矿业研究与开发, 2016, 36 (12): 67-71.

[149] 黄庆享, 杜君武, 刘寅超. 浅埋煤层群工作面合理区段煤柱留设研究 [J]. 西安科技大学学报, 2016, 36 (1): 19-23.

[150] 张森, 王苏健, 黄克军, 等. 浅埋煤层群开采工作面合理布置方式研究 [J]. 煤炭技术, 2016, 35 (10): 33-36.

[151] 黄庆享, 杜君武. 浅埋煤层群开采的区段煤柱应力与地表裂缝耦合控制研究 [J]. 煤炭学报, 2018, 43 (3): 591-598.

[152] 黄庆享, 曹健, 杜君武, 等. 浅埋近距煤层开采三场演化规律与合理煤柱错距研究 [J]. 煤炭学报, 2019, 44 (3): 681-689.

[153] HUANG Q, CAO J. Research on coal pillar malposition distance based on coupling control of three-field in shallow buried closely spaced multi-seam mining, China [J]. Energies, 2019, 12 (3): 462.

[154] 王春刚. 冯家塔煤矿下煤层回采巷道布置及支护参数研究 [D]. 西安: 西安科技大学, 2016.

[155] 任仲久. 近距离煤层下行开采下煤层回采巷道布置 [J]. 煤矿安全, 2018, 49 (3): 136—139.

[156] 赵维生, 梁维, 金志远, 等. 遗留煤柱下伏近距煤层巷道布置及围岩稳定性 [J]. 煤矿安全, 2017, 48 (7): 40—43, 48.

[157] 孟浩. 近距离煤层群下位煤层巷道布置优化研究 [J]. 煤炭科学技术, 2016, 44 (12): 44—50.

[158] 熊志朋. 采空区及煤柱下回采巷道布置位置优化研究 [D]. 焦作: 河南理工大学, 2018.

[159] 王卫东. 采空区下近距离煤层回采巷道布置优化 [J]. 煤矿现代化, 2018 (6): 1—3.

[160] 张炜, 张东升, 陈建本, 等. 极近距离煤层回采巷道合理位置确定 [J]. 中国矿业大学学报, 2012, 41 (2): 182—188.

[161] 杜艳春. 近距离煤层采空区下回采巷道布置方式研究 [J]. 山东煤炭科技, 2019 (5): 11—13, 18.

[162] 胡振琪, 王新静, 贺安民. 风积沙区采煤沉陷地裂缝分布特征与发生发育规律 [J]. 煤炭学报, 2014, 39 (1): 11—18.

[163] 李小庆. 淮北矿区开采地表沉陷规律研究 [D]. 合肥: 安徽建筑大学, 2015.

[164] 赵兵朝, 贺圣林. 厚松散层浅埋煤层开采地表下沉影响因素分析 [J]. 煤矿安全, 2019, 50 (7): 270—273.

[165] 蒋军. 薄基岩浅埋深下开采沉陷规律研究 [D]. 西安: 西安科技大学, 2014.

[166] 熊祖强, 马三振. 厚煤层大采高长工作面地表移动规律分析 [J]. 煤炭工程, 2014, 46 (9): 83—85.

[167] 徐良骥, 王少华, 马荣振, 等. 厚松散层开采条件下覆岩运动与地表移动规律研究 [J]. 测绘通报, 2015 (10): 52—56.

[168] 赵军, 唐存彬, 查剑锋. 南屯矿综采工作面地表移动变形规律实测研究 [J]. 煤炭技术, 2015, 34 (4): 89—92.

[169] 郑志刚, 戴华阳. 厚黄土区大采高一次采全高地表移动变形规律 [J]. 金属矿山, 2015 (4): 229—232.

[170] 张博辉, 贺卫中, 吕新. 杭来湾井田煤炭开采地表移动变形预测 [J]. 地下水, 2014, 36 (6): 156—158.

[171] 杨军伟, 侯得峰. 厚松散层矿区采动程度对地表沉降特征的影响 [J].

煤矿安全, 2017, 48 (4): 52-54, 58.

[172] 侯得峰, 李德海, 许国胜, 等. 厚松散层下采高对地表动态沉降特征的影响 [J]. 煤炭科学技术, 2016, 44 (12): 191-196.

[173] 王志山. 综放高强度开采地表沉陷变形规律实测研究 [J]. 矿山测量, 2018, 46 (4): 69-72.

[174] 高永格, 牛矗, 张强, 等. 厚松散层下采煤地表沉陷特征研究 [J]. 煤炭科学技术, 2019, 47 (6): 192-198.

[175] 袁瑞甫, 杜锋, 宋常胜, 等. 综放采场重复采动覆岩运移原位监测与分析 [J]. 采矿与安全工程学报, 2018, 35 (4): 717-724, 733.

[176] 王业显. 大柳塔矿重复采动条件下地表沉陷规律研究 [D]. 北京: 中国矿业大学, 2014.

[177] 郑志刚. 重复采动条件下地表移动变形规律实测研究 [J]. 煤矿开采, 2014, 19 (2): 88-90, 94.

[178] 陈盼, 谷拴成, 张幼振. 浅埋煤层垂向重复采动下地表移动规律实测研究 [J]. 煤炭科学技术, 2016, 44 (11): 173-177.

[179] 李红旭. 布尔台矿重复采动覆岩移动及地表变形规律研究 [D]. 焦作: 河南理工大学, 2016.

[180] 赵万库. 韩城矿区多煤层重复开采致灾规律研究 [D]. 西安: 西安科技大学, 2018.

[181] 刘宾. 黄土沟壑区浅埋近距煤层群开采地表移动变形规律研究 [D]. 西安: 西安科技大学, 2017.

[182] 王晖, 李智毅, 杨为民, 等. 松散黄土堆积层下煤矿采空区地表塌陷形成机理 [J]. 现代地质, 2008, 22 (5): 877-883.

[183] 王军, 赵欢欢, 刘晶歌. 薄基岩浅埋煤层工作面地表动态移动规律研究 [J]. 矿业安全与环保, 2016, 43 (1): 21-25.

[184] 李建伟. 西部浅埋厚煤层高强度开采覆岩导气裂缝的时空演化机理及控制研究 [D]. 北京: 中国矿业大学, 2017.

[185] 刘辉. 西部黄土沟壑区采动地裂缝发育规律及治理技术研究 [D]. 北京: 中国矿业大学, 2014.

[186] 李圣军. 哈拉沟煤矿高强度开采覆岩与地表破坏特征研究 [D]. 焦作: 河南理工大学, 2015.

[187] 李琛. 近水平煤层采动边界裂缝导水性研究 [D]. 廊坊: 华北科技学院, 2016.

[188] 黄庆享，张文忠，侯志成. 固液耦合试验隔水层相似材料的研究 [J]. 岩石力学与工程学报，2010，29（S1）：2813−2818.

[189] 徐芝纶. 弹性力学简明教程 [M]. 4 版. 北京：高等教育出版社，2013.

[190] WILSON A H. 对确定煤柱尺寸的研究 [J]. 孙家禄，译. 矿山测量，1973（1）：30−42.

[191] 许国胜，李德海，侯得峰，等. 厚松散层下开采地表动态移动变形规律实测及预测研究 [J]. 岩土力学，2016，37（7）：2056−2062.

[192] 钱鸣高，缪协兴，许家林，等. 岩层控制的关键层理论 [M]. 徐州：中国矿业大学出版社，2000.

[193] 许家林，钱鸣高. 关键层运动对覆岩及地表移动影响的研究 [J]. 煤炭学报，2000，25（2）：122−126.

[194] 左建平，孙运江，钱鸣高. 厚松散层覆岩移动机理及"类双曲线"模型 [J]. 煤炭学报，2017，42（6）：1372−1379.

[195] 顾伟，谭志祥，邓喀中. 基于双重介质力学耦合相关的沉陷模型研究 [J]. 采矿与安全工程学报，2013，30（4）：589−594.

[196] 王金庄，李永树，周雄，等. 巨厚松散层下采煤地表移动规律的研究 [J]. 煤炭学报，1997（1）：20−23.

[197] 张向东，赵瀛华，刘世君. 厚冲积层下地表沉陷与变形预计的新方法 [J]. 中国有色金属学报，1999，9（2）：227−232.